세계도시 바로 알기

5 중동

권용우

박영사

지리학의 전문화와 대중화

머리말

중동(Middle East)은 아시아 남서부와 아프리카 북동부 지역을 일컫는다. 중동은 기준에 따라 6-22개국을 논의한다. 중동에서 아랍어 사용자는 60%다. 나머지 40%는 페르시아어, 튀르키예어, 히브리어, 그리스어, 영어, 프랑스어, 러시아어를 쓴다. 기독교, 이슬람교가 중동에서 시작됐다. 기독교는 7세기 중반까지 중동의 주요 종교였다. 오늘날 중동의 대다수 사람들은 이슬람교를 믿는다. 히브리인의 종교는 유대교다.

『세계도시 바로 알기』제5권에서는 이스라엘, 팔레스타인, 요르단, 이집트, 튀니지, 튀르키예, 이라크, 아랍에미리트, 카타르 등 9개국을 다룬다.

이스라엘에서는 히브리어, 아랍어가 사용된다. 귀금속과 지식기반형 산업 등으로 1인당 GDP는 54,688달러에 이른다. 노벨상 수상자가 13명이 있다. 수도 예루살렘은 기독교, 이슬람교, 유대교의 성지다. 텔아비브는 경제 중심지다. 브엘세바, 에일라트, 하이파, 나사렛, 가버나움은 오래된 도시다.

팔레스타인의 공식 언어는 아랍어다. 영어, 히브리어도 사용한다. 2022년 기준으로 1인당 GDP는 3,682달러다. 종교는 이슬람교가 85%, 유대교가 12%, 기독교가 2.5%다. 라말라가 임시 행정 수도다. 서안 지구의 헤브론, 베들레헴, 여리고, 나블루스와 가자 지구의 가자시(市)가 팔레스타인 관할 도시다.

요르단의 공식 언어는 아랍어다. 영어와 불어도 쓰인다. 은행, 비즈니스, 관광 산업이 활발하다. 요르단의 1인당 GDP는 4,635달러다. 종교는 이슬람교가 95%, 기독교가 4%다. 암만은 1921년부터 요르단의 수도다. 페트라, 제라쉬, 와디 럼, 느보산, 알 마그타스 등은 유적지다.

이집트는 BC 3000년 이전부터 사람이 살아온 문명 지역이다. 공식 언어는 현대 표준 아랍어다. 2022년 1인당 GDP는 4,162달러다. 노벨상 수상자가 4명 있다. 종교는 이슬람교가 90.3%, 기독교가 9.6%다. 수도는 카이로다. 멤피스, 룩소르, 알렉산드리아는 고대부터 발달해 온 도시다.

튀니지 공용어는 튀니지 아랍어다. 2022년 튀니지 1인당 GDP는 3,763달러다. 튀니지 국민 대화 4중주 그룹이 2015년 노벨 평화상을 받았다. 이슬람교도가 98%다. 수도는 튀니스다.

튀르키예 공용어는 튀르키예어다. 언어 사용 비율은 튀르키예어 84.54%, 쿠르드어 11.97%다. 2022년 튀르키예 1인당 GDP는 8,081달러다. 노벨상 수상자는 문학과 화학 각 1명이 있다. 2016년 설문에서 종교 분포는 이슬람교 82%, 기독교 2%로 조사됐다. 수도는 앙카라다. 이스탄불은 경제 문화 중심지다. 이즈미르, 밧모섬, 에베소, 트로이, 카파토키아는 지역 중심지와 유적지다.

이라크는 수메르, 아카드, 바빌론, 아시리아의 메소포타미아 문명이 전개됐던 지역이다. 이라크는 아랍어와 쿠르드어를 공식 언어로 사용한다. 이라크 경제는 석유에 의해 지탱된다. 2022년 이라크 1인당 GDP는 7,038달러이다. 이라크 노벨상 수상자는 평화상 1명이 있다. 이라크인 95%가 공식 종교인 이슬람교를 믿는다. 수도는 바그다드다. 모술은 북부 중심지다.

아랍에미리트는 7개 토후국의 연합국이다. 아랍에미리트의 국어는 아랍어고, 영어는 공식어다. 아랍에미리트 경제의 버팀목은 석유와 천연가스다. 관광, 금융업이 활성화되어 있다. 2022년 아랍에미리트의 1인당 GDP는

50,349달러다. 2022년 기준으로 종교 구성은 이슬람교 76%, 기독교 9%, 힌두교 8%, 불교 1.8%다. 수도는 아부다비다. 두바이는 빠른 성장을 보여주는 도시다.

카타르의 공식 언어는 아랍어다. 영어는 제2 언어다. 카타르의 경제력은 석유 관련 산업에서 나온다. 2022년 카타르 1인당 GDP는 84,514달러다. 2010년 기준으로 국교인 이슬람교를 믿는 국민이 67.7%다. 대부분 국민은 수도 도하에 몰려 산다.

사랑과 헌신으로 내조하면서 원고를 리뷰하고 교정해 준 아내 홍기숙 이화여자대학교 명예교수님께 충심으로 감사의 말씀을 드린다. 원고를 리뷰해 준 전문 카피라이터 이원효 고문님께 고마운 인사를 전한다. 특히 본서의 출간을 맡아주신 박영사 안종만 회장님과 정교하게 편집과 교열을 진행해 준 배근하 과장님께 깊이 감사드린다.

2022년 8월
권용우

차례

VI 중동

VI

중동

중동

중동(Middle East)은 아시아 남서부와 아프리카 북동부 지역을 일컫는다. 아랍권의 뜻으로 사용되기도 한다. '중동'이란 용어는 1902년 미국인 마한(Mahan)이 「아라비아와 인도 사이의 지역」을 지정하기 위해서 사용했다. 중동은 기준에 따라 6-22개국을 논의한다. 여기에서는 이스라엘, 팔레스타인, 요르단, 이집트, 튀니지, 튀르키예, 이라크, 아랍에미리트, 카타르 등 9개국을 다루기로 한다.

중동과 관련된 개념으로 비옥한 초승달 지대와 레반트가 있다. 비옥한 초승달 지대(Fertile Crescent)는 1914년 미국인 브레스트가 사용했다. 땅이 비옥하고 형태가 초승달 모양이어서 붙인 이름이다. 티그리스·유프라테스강의 메소포타미아 문명과 나일강 문명이 발상한 지역이다. 이라크, 시리아, 레바논, 팔레스타인, 이스라엘, 요르단, 이집트 북부, 쿠웨이트 북부, 튀르키예 남동부, 이란 일부 지역이 포함된다. 레반트에서는 BC 8500년 경부터 작물화, 가축화가 이뤄진 것으로 추정한다. 레반트(Levant)는 1497년에 '동쪽' 또는 '이탈리아 동쪽의 지중해 땅'으로 쓰였다. 서아시아의 지중해 동부지역을 가리킨다.

중동에서는 기원전 8세기부터 쓰인 아랍어가 가장 많이 사용된다. 아랍어 사용자는 중동 인구의 60%다. 나머지 40%는 페르시아어, 튀르키예어, 히브리어, 그리스어, 영어, 프랑스어, 러시아어를 쓰는 사람들이다.

기독교, 이슬람교가 중동에서 시작됐다. 기독교는 1세기에 중동 이스라엘 땅에서 본격화됐다. 예수가 성부·성자·성령의 3위일체의 신이라고 믿는다. 기독교는 7세기 중반까지 중동의 주요 종교였다. 20세기 초반에는 중동 인구의 20%가 기독교도였으나 오늘날에는 5%에 머물고 있다. 중동의 이슬람 교도는 336,700,079명으로 집계된다. 무함마드가 마지막 예언자라고 믿는다. 수니파와 시아파가 이슬람의 큰 종파다. 히브리인 중심의 유대교가 중동에서 출발했다. 아브라함은 기독교, 이슬람교, 유대교의 조상(祖上)이다.

31

이스라엘국

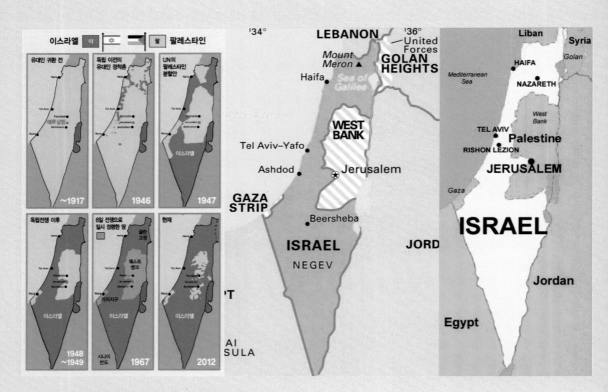

그림 1 이스라엘과 팔레스타인 변천과정 1917-2012

01 이스라엘 전개 과정

자연 인문 환경

이스라엘의 정식 국호는 이스라엘국이다. 히브리어로 Medinát Yisra'él(메디나트 이스라엘)이라 한다. 아랍어로 Dawlat ʾIsrāʾīl(다울라트 이스라일)이라 표현한다. 영어로 State of Israel로 표기한다. 약칭으로 이스라엘, Israel이라 말한다. 이스라엘은 비옥한 초승달 지대의 레반트 지역에 위치하고 있다. 면적은 22,145㎢다. 인구는 2021년 기준으로 9,450,000명이다.

가나안(Canaan)은 '저지대'란 뜻이라고 한다. 팔레스타인의 옛 이름이다. 일반적으로 요단 강 서쪽 전 지역을 일컫는다. 성경에서의 가나안은 하나님이 아브라함과 그 후손에게 주기로 약속했던 '젖과 꿀이 흐르는 땅'이다(창세기 12:7).

가나안(Canaan) 또는 Eretz Yisrael(에레츠 이스라엘, Land of Israel) 땅 안에는 이스라엘국과 팔레스타인국이 공존한다. 20세기 이후 이스라엘과 팔레스타인 영토 변화에서 양 국가의 흥망성쇠가 잘 드러난다. 2021년 기준으로 팔레스타인국의 면적은 6,020㎢이며, 인구는 5,300,000명이다. 두 나라를 합치면 가나안 땅에는 28,165㎢ 면적에 14,750,000명이 사는 것으로 집계된다.그림 1

그림 2 이스라엘 국기

「이스라엘」이라는 말은 야곱이 하나님의 사자와 밤새도록 씨름했다는 성경에서 유래했다. 씨름한 다음날 야곱은 「이스라엘」이란 새 이름을 얻었다. '하나님과 함께 승리하다' 또는 '하나님은 강하다'는 뜻이다.

이스라엘 국기는 「다윗의 별」로 나타낸다. 히브리어로 Magen David라, 영어로 Shield of David로 표현한다. 이스라엘 건국 후 1948년 10월 28일에 제정되었다. 1891년 시온주의 운동을 펼칠 때 디자인했다. 하얀색 바탕에 위 아래로 파란색 줄무늬가 가로로 그려져 있다. 파란색 가로 줄무늬 사이에 파란색 육각형 다윗의 별이 그려져 있다. 기본 디자인은 탈리트(tallit)에서 유래되었다. 탈리트는 유대인이 기도할 때 쓰는 숄(shawl)로 흰색에 검은색 또는 파란색 줄무늬가 그려져 있다.그림 2

가나안 땅은 네 부분으로 나뉜다. 첫째는 해안 평야다. 지중해를 따라 레바논 국경으로부터 가자 지구까지다. 토질이 비옥하여 살기에 좋다. 텔아비브와 하이파 등 대도시가 있다. 둘째는 고지대다. 동쪽 내륙의 북부 갈릴리 지역과 요르단강 서안 지구다. 평균 고도 600m 이상의 산지와 구릉이다. 이곳에 수도 예루살렘이 있다. 셋째는 요르단강 계곡이다. 갈릴리 호수에서 사해까지 이르는 수원(水源) 지역이다. 넷째는 네게브 사막이다. 국토 면적의 절반 이상을 차지하는 건조 지역이다. 브엘세바와 항구 에일라트가 있다.

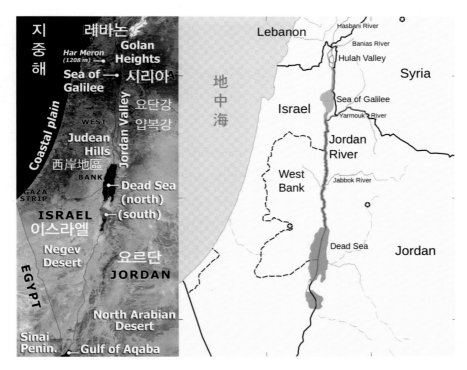

그림 3 **이스라엘의 자연 환경**

　시리아와의 국경에는 골란 고원이 있다. 골란 고원의 면적은 1,800㎢다. 이 가운데 이스라엘은 1,200㎢를, 시리아 아랍 공화국은 600㎢를 점유하고 있다.

　370만 년 전 이후 기후 변동으로 해수면이 상승해 지중해 바닷물이 육지로 흘러들어 이스라엘과 요르단에 걸친 석호가 형성됐다. 200만 년 지중해와 석호 사이의 육지부가 융기하여 바닷물의 유입이 끊겼다. 이 지역이 고온기후 지역으로 바뀌면서 호수 물이 크게 증발해 지중해 해수면보다 낮은 호수가 형성되었다. 호수 물이 줄어들면서 북쪽에는 갈릴리 호수가 남쪽에는 사해가 형성됐다. 두 호수는 요르단강으로 연결되었다. 요르단강 지류 하천으로 얍복강이 흐른다. 갈릴리 호수-요르단강-사해에 이르는 105km의 지역을 요르단 계곡이라 한다. 요르단강은 해수면보다 낮고 총길이 251km다. 건기에는 폭 30m, 깊이 1m에 불과하다. 우기에는 폭 1.6km, 깊이 3-4m다.그림 3

　갈릴리 호수(Sea of Galilee)는 이스라엘 북쪽에 있는 담수호(淡水湖)다. 갈릴리라는 명칭은 '지역'을 뜻하는 히브리어 「학갈릴」에서 유래됐다. 호수의 모양이 하프와 유사해 히브리어 '하프'의 뜻인 kinnor에서 유래됐다는 설명도 있다. 성경 등에 갈릴리 바다, 키네렛의 바다, 게네사렛 호수, 지노사르의 바다, 티베리아스 바다, 민야의 바다, 갈릴래아 호수, 갈릴라이아스 바다 등으로 나온다. 레바논과 시리아 국경에 위치한 높이 2,814m의 헤르몬 산에서 발원한 물은 갈릴리 호수 북쪽에서 흘러들어와 요르단강을 통해 사해로 빠져나간다. 갈릴리 호수는 해수면으로부터 209m 아래에 위치하고 있다. 호수 면적은 166㎢다. 동서로 11km, 남북으로 21km이고, 호수 둘레는 53km다. 호수의 평균 깊이는 26m이고, 가장 깊은 곳은 43m다. 네게브 사막의 관개 용수원으로 활용된다.그림 4

　사해(死海, Dead Sea)는 2016년 기준으로 해수면보다 430.5m 아래에 있다. 동서로 15km, 남북으로 67km에 달한다. 서쪽으로 유대 산맥, 동쪽으로 모하드 산맥으로 둘러싸여 있다. 물고기가 살지 않아 사해(死海)라 불린다. 성경에는 아라비아의 바다, 동해 등으로 기록되어 있다. 사해 바닷물의 소금 함유량은 1kg당 275g으로 지중해 소금 함유량의 7.4배다. 사해가 바다로 물이 흘러나가지 않고, 연중 25°-40℃의 더위로 물이 증발해 버리기 때문에 염도가 높다. 사해의 염도는 34.2%다. 사해 소금은 피부 미용, 류마티스 관절염

치료로 활용된다. 사해 마그네슘은 합금 재료로, 사해 가성 칼륨은 비료 생산용으로 사용된다.그림 4

이스라엘에서는 지중해성 기후와 열대성 기후가 함께 나타난다. 이스라엘 건조지역 산 능선에 진귀한 「양들의 길」이 목격된다. 양들은 맨 먼저 가는 선도양을 좇아 줄줄이 따라가는 특성이 있다.

2021년 기준으로 이스라엘의 인종 구성은 유대인 74.24%, 아랍인 20.95%, 기타 4.81%이다. 2018년 기준으로 전 세계의 유대인 수는 15,782,024명으로 집계됐다. 디아스포라를 겪은 유대인은 전 세계에 퍼져 있다. 미국, 프랑스, 캐나다, 영국, 아르헨티나, 러시아, 호주, 독일 등에 흩어져 산다.

그림 4 **이스라엘의 갈릴리 호수와 사해(死海)**

이스라엘의 공용어는 히브리어와 아랍어다. 2011년 조사에서 20세 이상의 이스라엘인 가운데 49%가 히브리어를, 18%가 아랍어를, 15%가 러시아어를 모국어로 사용한다고 했다. 이스라엘 유대인의 90%와 이스라엘 아랍인의 60%가 히브리어를 잘 이해한다고 조사됐다. 영어는 초등학교에서부터 교육되고 있다.

2019년의 이스라엘 종교 구성은 유대교 74%, 이슬람교 18%, 기독교 2% 등이다. 유대인은 장차 올 메시아를 믿는다. 아랍인은 알라를 믿는다. 기독교인은 하나님을 믿는다.

아브라함, 이삭과 이스마엘

팔레스타인(Palestine)은 '블레셋(Philistine)족', '블레셋족의 땅'이란 뜻으로 쓰인다. 블레셋족이 지중해의 섬에서 가나안으로 이주해 왔다 한다. 블레셋족은 이곳에 살고 있던 가나안족과 섞여 함께 살았다. 가나안족은 가나안, 아모리, 기르가스, 헷, 히위, 여부스, 브리스 족을 말한다. 일부에서는 가나안족에 블레셋, 페니키아족까지를 포함하기도 한다.그림 5 히브리인은 아브라함 시대에 가나안으로 이주해 와 정착했다. 히브리(hebrew)인은 '강을 건너 온 사람'이란 뜻이다.

중동 지역은 「성서의 땅」이라 말하기도 한다. 성경에 따르면 이 지역에 대홍수가 있었다. 노아는 방주를 만들어 생존했다(창세기 6-10장). 노아의 방주는 튀르키예의 아라랏산(山) 북벽에 있는 것으로 설명한다.

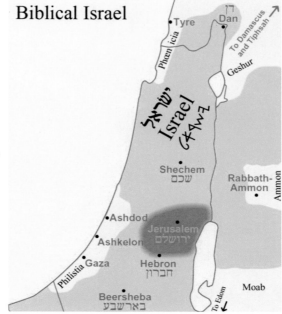

그림 5 **성경 속의 이스라엘**

아라랏산(Mount Ararat)은 튀르키예 극동쪽에 있는 휴화산이다. 그레이터
아라랏(Greater Ararat)과 리틀 아라랏(Little Ararat)의 두 가지 화산 원뿔로 구성
되어 있다. 그레이터 아라랏은 튀르키예와 아르메니아 고원에 위치한 봉우
리로 높이 5,137m다. 아라랏산의 고도는 3,896m다. 아라랏 대산괴(大山塊)
는 지면에서 폭이 35km다. 정상에 도달하려는 노력은 중세부터 시작됐다.
1829년에 처음 등정했다. 노아의 방주에서 언급한 아라랏산과 동일시 한다.
아라랏산은 아르메니아에서 관찰하기 용이하다.그림 6

노아는 3명의 아들을 두었다. 셈, 함, 야벳이다. 첫 아들 셈으로부터 후대
에 이르러 데라가 출생했다. BC 2200년경 데라는 이라크 남부 우르에 정착

그림 6 **아르메니아 수도 예레반에서 본 튀르키예의 아라랏산**

했다. 그는 농경을 통해 많은 부를 소유한 지주로 살았다. 데라는 하란, 아브람, 나홀의 세 아들을 두었다. 데라는 가족을 이끌고 우르를 떠나 유프라테스 강변 바빌론을 거쳐 튀르키예의 북부 하란으로 이주했다.

하란(Harran)은 튀르키예 남동부 얀리우르파에서 44km 떨어져 있다. 하란은 메소포타미아의 상업, 문화, 종교가 성행했던 고대 도시였다. 하란은 아시리아 시대 '교차로'라는 뜻의 도시로 발달했다.

아비 데라는 하란에서 숨을 거두었다. 아브람은 여호와가 정한 땅으로 떠났다. 아내 사래와 조카 롯도 같이 갔다. 그는 튀르키예 하란을 떠나 이스라엘 가나안 땅 세겜을 거쳐 벧엘에 도착했다. 이 지역에 기근이 들었다. 아브람과 사래는 벧엘을 떠나 이집트로 이주했다. 아브람은 살아 남기 위해 미모가 뛰어난 아내 사래를 누이동생이라 했다. 실제로 사래는 먼 친척뻘 누이동생이었다. 사래는 이집트 왕 바로의 후궁이 되었다. 그러나 바로는 사래가 아브람의 아내라는 것을 알게 되었다. 바로는 아브람과 사래, 그리고 사래의 여종 하갈을 이집트에서 추방했다. 아브람 가족은 이스라엘의 헤브론에 정착했다. 헤브론은 농사지을 물이 있어 농경이 가능했다. 아브람의 조카 롯은 북쪽의 소돔과 고모라로 이주했다. 소돔과 고모라 두 도시는 유황불 심판을 받아 멸망했다. 롯의 아내는 돌기둥으로 변했다. 롯은 두 딸과 함께 살아남았다.

한편 자식이 없던 사래는 남편 아브람과 여종 하갈과의 사이에 자녀를 가져달라고 아브람에게 간청했다. 아브람과 하갈 사이에서 아들 이스마엘이 출생했다. 아이가 없는 사래와 아들 이스마엘이 있는 하갈 사이에 갈등이 생겨 반목했다. 그러던 중 여호와의 사자들이 아브람의 집을 방문했다. 이들은 아브람에게 아들을 낳게 해주겠다고 약속했다. 부엌에서 이 말을 듣던 사래는 나이가 많아 출산할 수 있겠는가를 반문하며 미소를 지었다. 그러나 아브람이 백세 되던 때에 사래와의 사이에 아들을 낳았다. 아들의 이름을 이삭으로 지었다. 이삭은 '미소를 짓는다(smile)'라는 뜻이다. 여호와의 명에 따라 아브람은 「아브라함」으로 이름이 바뀌었다. '만인의 아버지'라는 뜻이다. 사래는 '만인의 어머니'라는 뜻의 「사라」로 변경됐다. 이삭을 너무 사랑했던 아브라함은 여호와의 시험을 받게 되었다. 여호와는 아브라함에게 이삭을 번제로 바치라고 명했다. 아브라함은 이삭을 예루살렘의 모리아산으로 데려가 번제로 바치려 했다. 여호와는 아브라함의 진정한 믿음을 확인하고 구원을 베풀었다. 아브라함은 이삭을 여호와의 참 선물로 받게 되었다. 이삭을 번제로 바치려 했던 곳은 기독교, 이슬람교, 유대교의 성지로 바뀌었다.

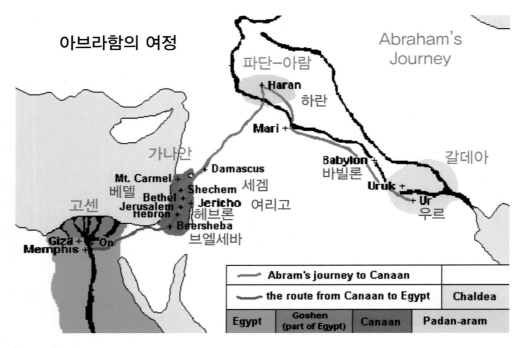

그림 7 **아브라함의 여정** Abraham's Journey

　아브라함의 집에서 나간 하갈은 브엘세바 인근의 바란 광야에서 방황했다. 이때 여호와의 사자가 나타나 하갈과 그의 아들 이스마엘이 큰 민족을 이루게 하겠다고 약속했다(창세기 21장).

　아브라함은 이스마엘, 이삭 외에 여섯 자식을 두었다(창세기 25:2). 이런 연유를 기반하여 아브라함과 사라 사이의 아들 이삭은 유대인의 조상으로, 아브라함과 하갈 사이의 아들 이스마엘은 아랍인의 조상으로 설명한다(창세기 11-25장). 아브라함은 막벨라 굴에 장사되어 영면했다.

　아브라함이 태어나서 평생 다녔던 길을 「아브라함의 여정 Abraham's Journey」으로 표현한다. 그 길은 이라크의 우르, 튀르키예 하란을 거쳐, 이스라엘의 헤브론, 이집트, 다시 헤브론까지의 길이다. 아브라함은 이라크 우르에서 이스라엘 가나안 땅으로 이주해 온 이주민이다. 그는 일생 동안 총 17곳의 장소를 거치면서 수천 km를 다녔던 것으로 설명한다.그림 7

세월이 흘러 이삭의 혈통에서 예수가, 이스마엘의 혈통에서 무함마드가 출생했다. 예수의 출생을 기준으로 출생 이전을 기원전(Before Christ, BC)으로, 출생 이후를 기원후(Anno Domini, AD)로 나타낸다. 예수는 기독교에서, 무함마드는 이슬람교에서 중심이다. 예수는 33세에 성전산 동편의 감람산에서 승천하여 여호와에게로 갔다. 무함마드는 621년에 성전산 바위 돔 사원에서 「부라끄」라는 흰 말을 타고 승천해 제7천에 다녀왔다 한다.

이스라엘 땅 관리 주체의 변천

가나안, 팔레스타인, 이스라엘은 지역 명칭은 상이하나 내용상으로 같은 지역이다. 이 땅은 누구의 땅인가? 이 땅에서 펼쳐진 역사의 흐름을 살펴 보면 그 실체가 드러난다. 이스라엘 땅 관리의 주체는 크게 고대, 중·근세, 현대로 나누어 고찰할 수 있다.

고대(BC 2166-634)

① **족장 시대**(BC 2166-BC 1644) ② **이스라엘 왕국**(BC 1047-BC 930)

이스라엘 땅의 관리 주체는 아브라함으로부터 논의할 수 있다고 설명한다. 아브라함은 BC 2166년에 이라크 남부 우르에서 데라의 아들로 태어났다. 그는 튀르키예를 거쳐 이스라엘에 정착한 이주민이다. BC 2166-BC

1644년 기간에 아브라함, 이삭, 야곱의 족장 시대가 진행됐다. BC 13-BC 12세기에 히브리 민족은 출애굽하여 가나안 땅에 정착했다. BC 1047년 히브리인 사울은 이집트 지배가 약화된 것으로 판단했다. 그는 이곳의 여부스족을 몰아내고 이스라엘 왕국을 건국해 초대 왕에 취임했다. BC 1000년에 다윗은 이스라엘을 통일한 후 예루살렘을 이스라엘의 수도로 정했다. BC 957년 솔로몬은 모세의 언약궤를 모시기 위해 예루살렘에 성전을 지었다.

③ 북(北)이스라엘 왕국(BC 930-BC 720) ④ 신(新)아시리아 제국(BC 911-BC 609)

BC 930년 이스라엘은 북이스라엘 왕국과 남쪽의 유다 왕국으로 분열되었다. 북이스라엘 왕국은 사마리아를 중심으로 르우벤, 므낫세, 단, 에브라임, 납달리, 갓 등 10개 지파가 뭉쳐 만든 왕국이다. 북 이스라엘 왕국은 210년간 19명의 왕이 통치했다. BC 720년에 북이스라엘 왕국은 신아시리아 제국에 의해 멸망되었다.

⑤ 유다 왕국(BC 930-BC 586) ⑥ 신(新)바빌로니아 제국(BC 626-BC 539)

유다 왕국은 예루살렘을 중심으로 유다, 벤야민 등 2개 지파가 합쳐 설립한 왕국이다. 유다 왕국은 344년간 20명의 왕이 다스렸다. BC 586년에 남쪽의 유다 왕국이 신바빌로니아 제국에 의해 멸망되었다. 신바빌로니아가 유다 왕국을 점령하면서 성전과 예루살렘을 파괴했다. 남쪽의 히브리인들은 신바빌로니아로 끌려가 노예로 억류되었다. 이를 바빌론 유수(幽囚)(Babylonian Captivity) 사건이라 한다. BC 586-BC 538년의 48년 기간에 전개됐다. 이때부터 히브리인들은 '유다 사람들'이라는 뜻인 유대인이라고 불렸다.그림 8

⑦ 아케메네스 제국 ⑧ 알렉산더 제국, 셀레우코스 제국

BC 539년 아케메네스 제국(제1 페르시아 제국)이 신바빌로니아 제국을 정복했다. 유대인은 이스라엘로 돌아갈 수 있었다. 돌아온 유대인은 예루살렘에 두 번째 성전을 지었다. BC 332년 알렉산더가 이 지역을 정복했다. 이 지역은 유다로 불렸다. 알렉산더가 죽은 후 유다는 셀레우코스 제국의 일부가 되었다. BC 140-BC 37년 기간에 이스라엘 독립 왕조인 하스모니아 왕국(Hasmonean dynasty)이 존속했었다.

⑨ 로마 제국(BC 63-313)

BC 63년 로마 장군 폼페이(Pompey)가 예루살렘을 점령했다. 로마가 임명한 헤롯 왕은 BC 37-BC 4년 기간에 유다를 다스렸다. BC 4년경에 이스라

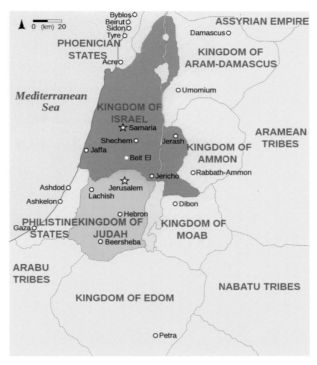

그림 8 **북이스라엘 왕국과 남유다 왕국, 바빌론 유수(幽囚)**

엘 베들레헴에서 예수가 탄생했다. 예수 탄생을 기점으로 기원후 시대가 열렸다. BC 4-30년 기간 동안 예수가 활동했다. 예수를 메시아로 믿고 따르는 초기 기독교가 탄생했다. 66년 유대인은 로마에 항거했다. 70년 로마의 티투스는 예루살렘을 점령해 두 번째 성전을 파괴했다. 통곡의 벽만 남았다. 73년 유대 사막 동쪽의 마사다(Masada) 요새에서 끝까지 저항하던 유대인은 전원 죽임을 당했다. 135년 로마는 모든 유대인을 추방하는 디아스포라(diaspora) 정책을 폈다. 로마 제국은 이 땅의 이름을 「팔레스타인」으로 바꿨다. 예루살렘을 「콜로니아 아이리아 카피토리나」라 부르고 직속지로 삼았다. 로마는 아랍인들이 팔레스타인으로 이주해 와서 사는 것을 허용했다.

⑩ 동로마 제국(비잔틴 제국, 313-636)

313년 동로마 제국의 콘스탄티누스 1세는 기독교를 로마 제국의 국교로 선포했다. 기독교는 팔레스타인의 공식 종교가 되었다. 동로마 제국은 예수가 십자가형을 당하고 그 시신이 묻힌 예루살렘에 성묘(聖廟) 교회를 세웠다. 예수가 태어난 베들레헴에 예수 탄생 교회를 지었다. 그리고 갈릴리와 여러 곳에 기독교 성지를 조성했다. 390년 유대인은 예루살렘 탈무드를 완성했다.

중 · 근세(636-1917)

① 이슬람 제국(636-1099)

636년 무슬림 세력이 동로마 제국을 격파했다. 유대인은 예루살렘으로 돌아왔다. 무슬림은 691년 바위 돔 사원(Golden Dome of Rock)을 세웠다. 705년에 알 아크사 사원(Al-Aqsa mosque)을 지었다.

② 십자군 예루살렘 왕국(1099-1291)

교황 우르바누스 2세는 십자군 전쟁을 일으켰다. 이슬람교도가 장악한 성지 팔레스타인과 성도(聖都) 예루살렘을 해방시켜야 한다는 주장이었다. 1099년 유럽 기독교 국가들의 제1차 십자군(Crusades)은 예루살렘을 점령한 뒤 예루살렘 왕국을 수립했다. 예루살렘 왕국은 1291년까지 팔레스타인을 통치했다.

③ 이집트 맘루크 왕조(1291-1517)

1291년 이집트의 맘루크 왕조는 팔레스타인 등을 장악했다. 이들은 십자군이 세운 각지의 교회들을 파괴했다. 많은 이슬람 사원을 지으면서 이슬람 문화를 심었다.

그림 9 **이스라엘의 리숀 레지온** Rishon LeZion

④ 오스만 제국(1517-1917)

1517년 오스만 제국은 맘루크 왕조를 격퇴하고 이 지역을 점령했다. 오스만 제국 시기에는 유대인 핍박이 줄어들었다. 1897년 스위스 바젤에서 시온주의 회의가 열렸다. 1882-1903년 기간과 1904-1914년 기간에 러시아와 폴란드 등지에 살던 유대인이 팔레스타인 땅으로 이주했다. 오스만 제국은 1517-1917년 기간에 이 지역을 다스리다가 1917년에 물러났다.

1882년 러시아에서 온 유대인이 텔 아비브 남쪽 8km 지점에 리숀 레지온(Rishon LeZion) 자립 정착촌을 세웠다. 리숀 레지온은 '첫 번째 시온으로(First to Zion)'의 뜻이다. 2019년에 이르러 61.9㎢ 면적에 254,384명이 사는 도시로 성장했다.그림 9

현대(1917-현재)

① 영국령 팔레스타인(1918-1948)

1917년 제1차 세계대전 승전국인 영국은 국제연합으로부터 팔레스타인 통치권을 위임받았다. 1917년 영국은 「밸푸어 선언」을 발표했다. 아랍으로부터 영국군 작전 기지였던 팔레스타인 땅을 지키기 위해서였다. 밸푸어 선언은 '전후(戰後)에 팔레스타인 땅에 유대인의 조국 건설 허락을 약속한다.'는 내용이었다. 이를 계기로 유대인은 「가나안 땅에 이스라엘을 건국하자」는 시온주의 운동을 전개했다.

오스만 제국이 물러난 후 팔레스타인은 계엄령 상태에 놓였다. 1918-1948년 기간에 영국이 이 지역을 다스렸다. 1920년에 영국은 이 지역을 「팔레스타인」이라는 명칭으로 쓰기 시작했다. 영어, 히브리어, 아랍어를 공식 언어로 사용했다. 1919-1923년 기간, 1924-1932년 기간, 1933-1939년 기간에 러시아, 폴란드, 독일 등지에서 유대인이 이주해 왔다. 1939-1945년 사이에 유럽에서 유대인 대학살(holocaust)이 자행됐다.

1947년 국제연합은 팔레스타인에 아랍과 유대인의 개별 국가를 건설하도록 결정했다. 아랍 측은 반대했다.

② 이스라엘국(1948-현재) ③ 팔레스타인국(1988-현재)

1948년 5월 14일 영국은 위임통치를 끝내고 팔레스타인 땅에서 철수했다. 이때를 맞춰 유대인은 텔아비브에서 이스라엘 건국을 선언했다. 1948-1952년 기간에 유럽과 아랍에서 살던 유대인이 이주해 왔다.

이스라엘 건국으로 오랜 기간 이 지역에 살던 이슬람교도인 팔레스타인 사람들이 이 지역을 떠나야 했다. 그러자 주변 이슬람 국가들이 이스라엘 타도를 외치면서 전쟁에 들어갔다. ① 1948년의 제1차 이스라엘 독립전쟁, ② 1956년 제2차 이집트와의 시나이 전쟁, ③ 1967년의 골란고원, 요르단강 서안 지구(West Bank), 가자 지구를 뺏기 위한 6일 전쟁, ④ 1973년 이스라엘 속죄의 날 축제일 때 일어난 욤 키푸르 전쟁 등 4차례의 전쟁이 터졌다. 4차례의 전쟁은 모두 이스라엘 승리로 끝났다.

팔레스타인은 1988년에 팔레스타인 건국을 선언했다. 1993년과 1995년의 오슬로 평화 협정으로 이스라엘과 팔레스타인의 공존이 가시화되었다. 「섬」으로 구성된 이스라엘 서안 지구와 가자 지구에 팔레스타인 자치 정부를 설립했다. 2012년 이후 팔레스타인 자치 정부는 유엔 회원국 138개국으로부터 국가 인정을 받았다. 2013년 팔레스타인 자치 정부는 공식적으로 팔레스타인국으로 전환되었다.

그림 10 **아브라함의 종교** ■

이슬람
24.1%
19억명

기독교
31.2%
23억명

유대교 0.18%
바하이교 0.07%
기타 45.45%

이상에서 고찰한 바와 같이 이스라엘 땅은 아브라함을 조상으로 하는 아브라함 후손들의 땅이라고 해석된다. 이스라엘 땅에는 유대인과 팔레스타인 사람들이 함께 살고 있다.

아브라함 후손들은 기독교, 이슬람교, 유대교 등을 믿고 산다. 2015년 기준으로 기독교는 세계 인구의 31.2%를 차지하는 23억 명이 믿는다. 이슬람교는 24.1%인 19억 명이, 유대교는 0.18%인 1,410만 명이, 바하이교는 0.07%인 700만 명이 믿는다. 이들을 합치면 세계 인구의 55.55%인 42억여 명이 아브라함을 조상으로 하는 종교를 믿고 사는 것으로 집계된다.그림 10

경제와 생활 양식

유대인은 가나안을 젖과 꿀이 흐르는 땅이라 부른다. 젖은 목축업을 뜻하고, 꿀은 농업을 의미한다. 이집트에서 시나이 반도를 지나 이스라엘로 오는 「출애굽」의 삭막한 건조 지대에서는 목축업과 농업을 상상하기 어렵다. 가나안은 꿈의 땅이 될 수밖에 없다. 실제로 농지의 견과 나무 열매를 따서 열어 보면 꿀과 같이 단 진액이 나온다.그림 11

　이스라엘의 공동체에는 키부츠와 모샤브가 있다. 키부츠는 '집단'이란 뜻이다. 1909년 시오니즘 운동 중에 드가니아 키부츠가 탄생했다. 키부츠는 이스라엘 농업의 모체가 되었다. 키부츠는 사유 재산을 허용하지 않는다. 2010년 시점에서 270개의 키부츠가 있었고, 인구는 126,000명이었다. 이스라엘 산업 생산량의 9%, 농업 생산량의 40%를 차지했다. 일부 키부츠는 하이테크와 군사 산업을 발전시켰다.

그림 11 **가나안의 젖(牧畜業)과 꿀(農業 Palm tree)**

그림 12 **이스라엘의 나할랄 모샤브**

　1921년 나사렛 좌측에 나할랄 모샤브(Nahalal Moshav)가 창설됐다. 나할랄은 히브리어 성경에 나오는 레위 지파의 도시 이름이다. 2019년 기준으로 8.5㎢면적에 930명이 산다.그림 12 모샤브는 사유재산을 인정한다. 모샤브는 60여 가족을 단위로 450여 개가 있다. 이스라엘 인구의 5%가 살고 있다.

　이스라엘 경제에서는 기술과 산업 제조업 등 지식 기반 산업 분야를 강조한다. 이스라엘 다이아몬드 산업은 이스라엘 전체 수출의 23.2%를 점유한다. 다이아몬드 절단과 연마 기술이 우수하다. 2019년 기준으로 텔아비브 라맛 간(Ramat Gan) 시의 다이아몬드 교환 지구에는 1,100,000㎡의 상업 생활공간이 조성되어 있다. 다이아몬드는 시 수입의 60%를 차지한다.그림 13 이스라엘은 스타트업, 하이테크 산업, 벤처 캐피탈 산업 등에 주력한다. 아이디어 개발을 위한 교육 인프라와 인큐베이션 시스템을 중시한다. 2019년에

4,550,000명의 외국인 관광객이 이스라엘을 찾았다. 국토의 종횡단 거리가 짧아서 도로, 철도 교통 이동이 용이하다. 텔아비브에 벤구리온 국제공항이 있다. 2022년 기준으로 이스라엘 1인당 GDP는 54,688달러다. 노벨상 수상자는 13명이다.

이스라엘 방위군은 1948년에 창설됐다. 이스라엘은 아랍권에 둘러 싸여 있어 국토 방위를 중시한다. 징병제를 채택했다. 기계화, 특수 부대, 정보 부대가 발달되어 있다. 텔아비브에 방위군 본부인 키리아(Kyria)가 있다.

그림 13 **이스라엘 텔아비브의 라맛 간**

그림 14 **이스라엘의 수도 예루살렘**

02 수도 예루살렘

예루살렘(Jerusalem)은 이스라엘국의 수도다. 팔레스타인국도 자기들의 수도라고 주장한다. 예루살렘은 유대교, 이슬람교, 기독교의 성지다. 125.156㎢ 면적에 2019년 기준으로 936,425명이 산다. 예루살렘 대도시권 인구는 1,253,900명이다. 예루살렘은 높이 790m의 팔레스타인 중앙산맥 분수령 위에 위치해 있다.그림 14 예루살렘 인종 구성은 2017년 기준으로 유대인 60.8%, 아랍인 37.9%. 기타 1.3%다.

BC 3000년대에 이곳에 가나안의 한 부족인 여부스족이 살면서 도시를 이뤘다. 이 도시는 '평화의 도시'라는 뜻의 「우루살림」이라고 불렀다.

1099년 제1차 십자군이 예루살렘을 점령하여 이슬람교도와 유대교도를 몰아내고 이곳을 수도로 하는 예루살렘 왕국을 건설했다. 1187년 이집트의 살라딘이 예루살렘을 점령했다. 1516년에 오스만 제국의 셀림 1세는 맘루크왕조를 꺾고 예루살렘을 정복했다. 1917년 오스만 제국이 물러갔다. 1918년부터 팔레스타인이 영국의 위임통치하에 들어가자, 예루살렘은 팔레스타인의 수도가 되었다. 1948년 이스라엘이 독립하면서 예루살렘은 이스라엘국의 수도가 되었다.

동(東)예루살렘에 성전산(聖殿山, Temple Mount, Mount Moriah)이 있다. 성전산에는 유대교의 통곡의 벽, 기독교의 비아 돌로로사와 성묘(聖墓) 교회, 이슬람교

그림 15 **이스라엘 예루살렘 성전산의 바위 돔 사원과 알 아크사 사원**

의 바위 돔 사원과 알 아크사 사원이 모여 있다.그림 15 오늘날 예루살렘 성전은 아브라함을 공동 조상으로 하는 기독교, 이슬람교, 유대교, 아르메니아 정교 등 각 종파가 공동 관리한다.그림 16 서(西)예루살렘에는 공공 기관이 다수 입지해 있다.

성전산은 예루살렘의 핵심이다. BC 957년 다윗의 아들 솔로몬은 십계명 석판을 담은 언약의 궤를 보관하기 위해 솔로몬 성전을 지었다. 이 성전은 제 1성전으로 불린다. 십계명 석판에는 모세가 시나이산에서 여호와 하나님으

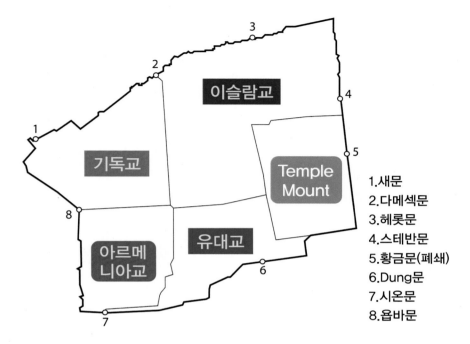

1.새문
2.다메섹문
3.헤롯문
4.스테반문
5.황금문(폐쇄)
6.Dung문
7.시온문
8.욥바문

그림 16 **아브라함 종교 분파의 성전산 관리 구역**

로부터 받은 율법이 적혀 있었다. 솔로몬 성전은 BC 587년까지 370년간 존재했다. BC 587년 신바빌로니아 네부카드네자르 2세 때 파괴되었다.

「바빌론 유수」를 겪은 유대인은 예루살렘으로 돌아와 BC 516년에 제2 성전을 재건했다. BC 1세기에 헤롯이 보수 재건하여 헤롯 성전(Herod's Temple)이라고도 한다. 제2 성전은 580여 년간 존속하다가 70년 로마에 의해 다시 파괴되었다. 1966년에 요세푸스의 문헌을 기초로 재현한 바 있다.

궁전의 일부분인 서쪽 벽과 감시탑인 다윗 탑은 남았다. 18m 높이의 서쪽 벽은 통곡의 벽(Western Wall, Kotel)으로 불린다. 유대인 남자는 검은 승의를 걸치고, 키파(kippah)라는 작은 모자를 쓴 채, 소원이 적힌 종이를 바위틈에 끼

워 넣고 기도한다.그림 17

유대인은 다윗 왕가와 야훼의 성전을 그들의 정신적 중심으로 세웠다. 이 일들이 진행된 예루살렘은 유대 민족의 자각을 다지는 중심지다. 이스라엘 국기는「다윗의 별」로 상징화되어 있다.

비아 돌로로사는 '십자가의 길'이란 뜻의 라틴어에서 유래했다. 예수 그리스도가 재판을 받은 곳으로부터 시작된다. 십자가를 지고 골고다 언덕을 걸었던 800m의 길과 성묘 교회까지 이어지는 길이다. 비아 돌로로사는 14세기부터 18세기에 걸쳐 14지점으로 정리됐다. 1, 2지점은 예수가 본디오 빌라도에게 재판을 받았던 안토니아 요새다. 3지점에서 처음 쓰러지셨던 곳이다. 이곳에 폴란드 가톨릭 예배당이 세워졌다. 7, 9지점에서 각각 쓰러지셨다. 예수는 도합 3번 쓰러지셨다. 4지점에서 어머니 마리아와, 5지점에서 구레네 시몬과, 6지점에서 베로니카와, 8지점에서 경건한 여자들과 만났다. 성

그림 17 **이스라엘 예루살렘의 통곡의 벽**

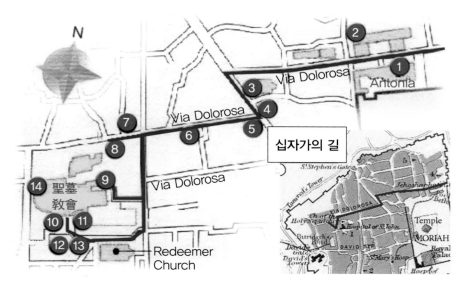

그림 18 **이스라엘 예루살렘 십자가의 길**

묘 교회 안에 10-14지점이 있다. 10지점에서 예수의 옷이 벗겨졌다. 11지점에서 십자가에 못 박히셨다. 12지점에서 십자가에 달려 돌아가셨다. 13지점에서 기름 부음을 받으셨다. 14지점에서 무덤에 묻히셨다. 골고다 언덕길에서 예수가 고난을 받았을 때 야유와 소란이 있었다. 오늘날에는 이곳을 찾아오는 사람들에게 청량음료를 팔려는 목소리가 요란하다.그림 18, 19

　동로마제국의 콘스탄티누스는 어머니 헬레나의 영향을 받아 기독교를 믿었다. 335년 콘스탄티누스는 예루살렘 동굴 무덤에 성묘 교회를 지었다. 예수가 십자가형을 당하고 그 시신이 묻힌 곳이다. 614년 성묘 교회의 일부가 불탔다. 예루살렘을 점령한 페르시아 사산 왕조가 방화했다. 성묘 교회가 복원됐으나, 1009년 이슬람 파티마 왕조에 의해 다시 파괴되었다. 오늘날의 성묘 교회는 1차 십자군 때 복원했다. 이슬람이 말을 타고 들어와 파괴하는 것을 막기 위해 성묘교회 입구는 작고 견고하게 재건됐다.그림 20, 21

그림 19 **이스라엘 예루살렘의** VIA DOLOROSA

그림 20 **이스라엘 예루살렘의 성묘교회**

그림 21 **이스라엘 예루살렘의 성묘 교회 입구**

그림 22 **이스라엘 예루살렘의 감람산**

감람산은 올리브 산(Mount of Olives)을 말한다. 해발 800m가 정상이다. 산 정상에는 당나귀를 타고 예수가 예루살렘으로 들어갔던 길목이 있다. 산 정상에 있는 눈물 교회는 예수가 눈물을 흘렸다는 곳에 세워진 교회다. 산 정상의 겟세마네 동산에서 예수의 고난이 시작됐다. 예수는 올리브 산 정상에서 승천했다.그림 22

621년 이슬람 예언자 무함마드는 「미라즈(Miraj) 여행」을 했다고 한다. 미라즈 여행은 ① 무함마드가 가브리엘 천사장의 도움으로 부라끄(Buraq)라는 날개달린 흰말을 타고, ② 메카에서 먼 사원으로 옮겨진 뒤, ③ 승천하여 제7천까지 올라가, ④ 역대 선지자들의 말을 들은 후 메카로 돌아왔다는 내용이다.

638년부터 예루살렘을 통치한 무슬림은 성전산에 새로운 의미를 부여했다. 691년 우마이야 왕조의 아브드 알 말리크는 무함마드가 흰말을 타고 올라갔다는 곳에 바위의 돔 사원을 건축했다. 황금 돔은 1959년과 1993년에 만들었다. 이 성전산 바위는 아브라함이 이삭을 번제물로 바치려 했던 모리아 산의 바위이고, 무함마드가 승천할 때 밟았다는 바위다. 1015년에 무

너졌으나 1022-1023년 기간에 재건되었다.그림 23

그림 23 **이스라엘 성전산 바위 돔 사원의 모리아 산 바위**

705년에는 '멀리 떨어진 사원'의 뜻을 지닌 알 아크사 사원이 성전산에 지어졌다. '멀리 떨어진 사원'이라는 뜻은 메카에서 멀리 떨어진 예루살렘에 사원이 있다는 의미다. 「알 아크사」는 성전산 전체를 일컫는다. 「알 아크사 사원」은 성전산 남부에 있는 이슬람 사원을 가리킨다. 알 아크사 사원은 원래는 동로마 제국의 교회 건물이었다. 이슬람이 예루살렘을 점령하면서 이슬람 관리 아래 들어갔다. 우마이야 왕조의 아브드 알 말리크가 691년에 이곳의 교회를 무슬림 모스크로 개축하고 705년에 완공했다. 사원에 은색 돔을 얹었고 스테인드 글라스와 타일로 내부를 장식

그림 24 **이스라엘 예루살렘의 알 아크사 사원**

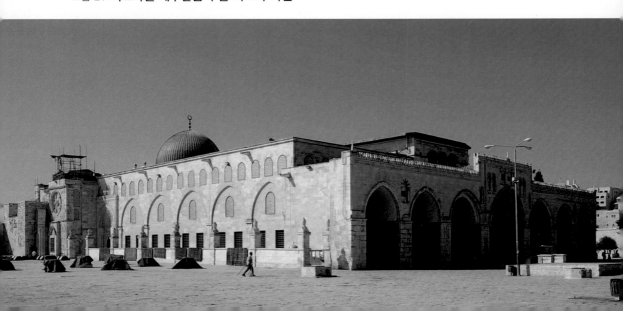

했다. 지진과 화재로 여러 차례 재건축되었다. 알 아크사 사원은 무슬림 예배를 드리고 무함마드의 승천을 기념하기 위해 세운 사원이다. 1951년에 요르단 국왕 압둘라 1세가 이곳에서 암살당했다.그림 24 이슬람의 3대 성지는 메카의 카바 사원, 메디나의 예언자의 사원, 예루살렘의 알 아크사 사원이다.

예루살렘 성벽 동쪽에 기혼 샘이 있었다. 이스라엘 왕들은 기혼 샘에서 533m의 히즈키아 터널(실로암 터널)을 뚫어 물을 끌어와 성 안에 실로암(Siloam) 연못을 만들었다. 기혼샘이 해발 636m이며 실로암이 해발 634m로 2m의 고저차를 유지해 기혼샘에서 실로암 연못까지 완만하게 물이 흐르도록 만들었다. 터널 수로의 넓이는 55-65cm다. 예수가 실로암 물로 한 장님의 병을 고쳤다는 곳이다.그림 25

그림 25 **이스라엘 예루살렘의 실로암 연못**

03 텔아비브

텔아비브(Tel Aviv)는 이스라엘이 독립할 때 유엔이 지정한 국제법상의 이스라엘 수도였다. 현재는 이스라엘의 경제 수도 역할을 한다. 2019년 기준으로 52㎢ 면적에 460,613명이 산다. 텔아비브-야파 대도시권은 1,516㎢ 면적에 3,854,000명이 거주한다. 텔아비브는 2003년 유네스코 세계 문화유산으로 등재되었다.

1909년 4월 11일 유대인들이 고대 항구 도시 Jaffa(야파) 외곽에 현대적인 주택 단지를 설립했다. 텔아비브는 '봄의 언덕'이란 뜻이다. 1950년 8월에 야파와 병합하여 텔아비브-야파(Tel Aviv-Jaffa 또는 Jafo)라 변경했다.

중동 전쟁으로 요르단이 예루살렘을 점령하여 텔아비브는 1948-1977년 기간에 이스라엘의 임시 수도가 되었다. 6일 전쟁에서 승리한 이스라

그림 26 **이스라엘의 텔아비브**

그림 27 **이스라엘 텔아비브−야파 대도시권의 욥바**

엘은 수도 기능을 예루살렘으로 옮겼다. 예루살렘의 도시계획을 진행하여 1968-1992년 기간에 국회, 행정부, 대법원, 공안 기관, 이스라엘 은행을 차례로 이전했다. 대부분의 국가는 본국의 주 이스라엘 대사관을 텔아비브에 두고 있다.

나치 독일을 벗어나서 온 유대인이 하얗고 밝은 색의 바우하우스, 모더니스트 건물들을 많이 지어 텔아비브는 「하얀 도시」라는 별칭을 얻었다. 지난 백여 년간 텔아비브는 현대 도시로 탈바꿈했다.그림 26 아즈리엘리(Azrieli) 센터가 들어서고 미래 도시가 제시되었다. 1999년에 완성한 아즈리엘리 센터는 복합 용도의 고층 빌딩이다.

야파(Jaffa, Jafo)는 성경에서 「욥바」로 나오는 지역이다. 요나가 물고기 배속에 들어가 이라크의 니느웨로 가서 회개 기도를 주도했다는 내용이 시작된 곳이다.그림 27

04 오래된 도시들

브엘세바

브엘세바(Beersheba)에는 117.5㎢ 면적에 2019년 기준으로 209,687명이 산다. 「베르세바」라 표기하기도 한다. 네게브 사막 가운데 있는 오아시스 도시다. 「네게브의 수도」라는 별칭이 있다. 2016년 기준으로 브엘세바 대도시권 인구는 377,100명이다.그림 28

베두인 유목민 마을이었던 브엘세바는 오스만 제국과 영국령 팔레스타인을 거치면서 인구가 늘었다. 제2차 세계대전 종전 이후 브엘세바는 아랍인 지역이었으나, 1948년 제1차 중동 전쟁 이후 브엘세바는 이스라엘에 합병되었다. 세계 각지에서 이주해 온 유대인이 대거 몰리면서 유대인 도시가 되었다. 오늘날 브엘세바는 체스 게임과 하이테크 산업 중심지로 성장했다.

그림 28 **이스라엘의 브엘세바**

그림 29 **이스라엘의 텔 베엘세바와 입구**

1969년에 개교한 학생수 20,000명 규모의 네게브 벤구리온대학교가 있다.

성경에서 「브엘세바」라 불리는 지점은 Tel Be'er Sheva(텔 베엘세바)로 표기된다. 현재의 브엘세바에서 4km 떨어진 곳에 있다. 브엘세바는 아브라함의 제2부인 하갈과 그의 아들 이스마엘이 방황하던 곳이었다.그림 29 그 당시 아브라함이 파놓은 우물을 아비멜렉이 장악했다. 아브라함은 아비멜렉에게 일곱 마리 양을 주었다. 양을 받은 아비멜렉은 아브라함과 화해했다. 브엘세바는 우물(베에르), 일곱(쉐바), 맹세(셰부아)를 합성하여 '맹세의 일곱 우물'로 해석한다. 구도시에 아브라함이 팠던 우물(Abraham's Well)이 유적으로 보전되어 있다.그림 30

네게브(Negev) 사막은 이스라엘 동남부에 위치한 13,000㎢ 면적의 사막이다. 1960년대 초부터 관개 사업을 시작했다. 갈릴리 호수에서 송수관을 연결하여 네게브 사막을 농경지로 일궈 놓았다. 소형 비행기로 씨를 뿌리고, 컴퓨터로 스프레이를 돌리며, 트랙터로 추수한다. 3모작이 가능하다. 석류, 무화과, 오렌지 등 유실수와 꽃을 재배해 유럽 등지에 수출한다.그림 31

그림 30 **이스라엘 브엘세바 아브라함의 우물**

그림 31 **이스라엘 네게브 사막의 농업 지역**

에일라트

에일라트(Eilat)에는 84.789㎢ 면적에 2019년 기준으로 52,299명이 산다. 이스라엘 네게브 지역 최남단 도시로 홍해의 아카반 만 북쪽에 연해 있다. 에일라트는 성경에 유다 왕국의 영토로 나오는 오래된 지역이다. 팔레스타인에 속했으나, 1949년부터 이스라엘이 관할한다. 1956년 이후 이스라엘 항구 도시로 발전했다. 아시아와의 무역이 이루어진다. 건조한 사막 기후로 맑은 날이 많아 휴양 기능이 활성화되어 있다. 유대인이 대다수이고, 아랍인이 4% 정도다. 간병인, 호텔과 건설업에 10,000명 정도의 외국인이 종사하는 것으로 알려졌다.그림 32

그림 32 **이스라엘의 에일라트**

하이파

하이파(Haifa)는 546m의 갈멜산 자락에 위치한 수직(垂直) 도시다. 2019년 기준으로 63.666㎢ 면적에 285,316명이 산다. 하이파 대도시권 인구는 1,050,000명이다. 하이파는 '해안'이란 말에서 유래했다 한다.그림 33

하이파는 BC 14세기에 세운 작은 어촌 텔 아부 하암(Tel Abu Hawam)으로부터 시작됐다. 1922-1933년 기간에 하이파 항구가 건설됐다. 중동의 유전에서 하이파까지 송유관을 연결해 지중해를 거쳐 유럽에 석유가 공급되었다. 하이파는 석유 송출 기지로 발전했다. 정유 등 중화학공업이 발달했다.그림 33 1948년 이후 이스라엘이 하이파를 관장한다. 하이파대학교, 테크니온

그림 33 **이스라엘의 수직 도시 하이파와 석유 송출 기지**

이스라엘공과대학이 있다. 1959년에 푸니쿨라 철도인 카르멜릿(Carmelit) 시스템을 구축했다. 카르멜릿은 4대의 차량, 6개의 역, 1.8km 길이의 단일 터널로 구성된 지하철 시스템이다. 237m의 카멜 센터까지 올라간다. 2002년

에 높이 137m의 29층 세일 타워(Sail Tower)가 들어섰다.그림 34

BC 9세기 예언자 엘리야는 갈멜산(Mt. Carmel)에서 바알 신을 믿는 아합 왕에 기도로 대항했다. 해발 고도 546m의 갈멜산은 하이파 배후 산지다. 엘리야는 갈멜산에 있었던「엘리야의 동굴」에 머물렀다 한다. 엘리아의 은신처는 갈멜산의 스텔라 마리스 수도원 교회 제단 아래로 추정하고 있다. 수도원은 1631년에 짓고 1836년에 개축했다.그림 35

그림 34 **이스라엘 하이파의 세일 타워**

Grotto of Elijah, Mt. Carmel

그림 35 **이스라엘 갈멜산의 「엘리야의 동굴」과 스텔라 마리스 수도원**

나사렛

나사렛(Nazareth)에는 14.123㎢ 면적에 2019년 기준으로 77,445명이 거주한다. 해발 고도 380m의 언덕에 세워진 도시다. 아랍계 이스라엘인이 대다수다. 이슬람교도가 69%, 기독교도가 30.9%다. 「이스라엘의 아랍 수도」로 알려졌다. 나사렛은 1948년 이후 이스라엘이 관리한다. 나사렛은 '가지' 또는 '망루(望樓)'라는 말에서 유래했다 한다.그림 36

1957년 유대인이 '나사렛의 윗쪽'이란 뜻의 나사렛일리트를 세웠다. 「나사렛의 유대인 동네」라 했다. 2019년 이름을 '갈릴리의 모습'의 뜻인 노프 하갈릴로 바꿨다. 32.521㎢ 면적에 2019년 기준으로 41,734명이 산다.

1969년에 들어선 수태고지(受胎告知) 성당(Basilica of the Annunciation)이 있다. 마리아의 집터에 세웠다. 가브리엘 천사가 마리아에게 예수를 잉태할 것이라는 성모영보(聖母領報)를 했다 한다. 성모영보가 있던 3월 25일을 성모영보 축일로 기린다. 요셉과 마리아는 베들레헴에서 예수를 출산한 후 이집트로

그림 36 **이스라엘의 나사렛**

도피했다. 그들은 다시 돌아와 나사렛에 재정착했다. 예수는 어린 시절 나사렛에서 성장했다. 성모 마리아가 가브리엘에게 수태고지를 들으면서 물을 길었다는 마리아의 우물이 있다. 기존의 우물을 1967년과 2000년에 보수했다.그림 37

그림 37 **이스라엘 나사렛의 수태고지 성당과 성모 마리아의 우물**

가버나움

가버나움(Capernaum)은 '위안의 마을'이란 뜻이다. 「예수의 마을 가버나움」이라는 팻말의 문이 있다. 예수가 회당에서 가르치고 40개 이상의 기적을 베풀며 열성적으로 전도했던 유대 마을이다. 갈릴리 호수 북쪽에 위치한 인구 1,500명 규모의 어촌이었다.그림 38

예수는 이곳에서 시몬 베드로, 안드레아 등을 제자로 삼았다. 예수의 첫 번째 제자인 베드로가 어부 출신이기 때문에 물고기는 예수의 제자임을 상징한다.그림 39

그림 38 **이스라엘의 가버나움과 예수 회당**

가버나움은 BC 2세기부터 11세기까지 사람이 사는 마을이었다. 제1차 십자군 전쟁 이전에 인적이 끊긴 이후 유적지로 남아 있다. 가버나움에는 베드로의 성상(聖像)이 있는 「가버나움의 성 베드로 순례 교회」가 있다. 1990년에 세운 현대식 가톨릭 교회다. 교회가 세워진 곳이 베드로의 집터였다는 고고학적 발굴 증거가 제시되어 있다.

그림 39 **이스라엘 가버나움의 물고기 상징 조각**

　예수는 가버나움 인근 갈릴리 호수 남쪽 끝의 야트막한 언덕에서 산상수
훈(山上垂訓 Sermo montanus) 설교를 했다.그림 40 '마음이 가난한 자는 복(福)이 있
다.'를 위시한 8가지 복을 주제로 한 설교였다. 이를 바탕으로 갈릴리 호수 옆
에 8복교회가 세워져 있다.그림 41

　이스라엘은 서로 다름을 인정하고 함께 살아야 할 공존의 땅으로 해석된
다. 아브라함과 그 후손들의 삶의 터전으로서의 특징이 드러난다. 수도 예루
살렘은 기독교, 이슬람교, 유대교의 종교 성지다. 텔아비브는 경제 중심지
다. 이스라엘의 오래된 도시 브엘세바, 에일라트, 하이파, 나사렛, 가버나움
은 영고성쇠의 오랜 삶의 궤적이 묻어 있다. 이스라엘에서는 히브리어, 아랍
어가 사용된다. 다이아몬드 산업과 지식기반형 산업 등의 경제 활동으로 1인
당 GDP는 54,688달러에 이른다. 노벨상 수상자는 13명이다.

그림 40 **이스라엘 가버나움 인근의 산상수훈(山上垂訓) 언덕**

그림 41 **이스라엘 갈릴리 호수 인근의 팔복교회(8福敎會)**

팔레스타인국

그림 1 **팔레스타인의 서안 지구와 가자 지구**

01 팔레스타인 전개 과정

팔레스타인의 공식 명칭은 Dawlat Filasṭīn(다울라트 필라스틴)이다. 영어로 State of Palestine(팔레스타인국)이라 한다. 약칭으로 팔레스타인, Palestine 으로 표기한다. 6,020㎢ 면적에 2021년 기준으로 5,300,000명이 산다. 팔레스타인 영토는 요르단강 서안 지구와 가자 지구다. 수도는 예루살렘으로 지정했다. 임시 행정 수도는 서안 지구의 라말라다. 그림 1

　　BC 4500년경에 가나안에서 농경이 시작됐다. BC 1250년경 블레셋족이 이곳으로 이주해 왔다. 블레셋족은 에게해나 크레타섬 등에서 살던 그리스계라고 추정한다. 이들은 고대 미케네 문명을 이룩했다고 설명한다. 블레셋족은 지중해 연안 가나안 지방의 가자, 아스글론, 아스돗 등의 도시 연맹체를 구성했다. 오늘날 텔아비브-야파와 가자 지구의 지중해 연안 지역이다. 그리스 역사가 헤로도토스는 이곳을 「팔라이스티네」라고 불렀다. 팔라이스티네는 라틴어 「팔라이스티나(Palaestina)로 나중에 필리스티아(Philistia)로 변화됐다. 필리스티아라는 용어는 가톨릭에서 쓰인다. 개신교에서는 같은 내용을 블레셋이라고 사용한다. 필리스티아에서 팔레스타인(Palestine)이란 말이 유래했다. 곧 팔레스타인은 '블레셋족(Philistine)' 혹은 '블레셋족의 땅'이란 의미다. 블레셋은 구약성서에서 250번 나온다. 블레셋은 '할례받지 않은 자'로 부른다. 이스라엘과는 적대 관계로 묘사된다.

그림 2 **아브라함과 자손들의 거주지**

BC 2166년 이라크 우르에서 아브라함이 태어났다. 그는 75세 되던 해에 튀르키예 하란에서 떠났다. 아내 사라와 조카 롯을 데리고 가나안으로 갔다. 블레셋 사람 아비멜렉과 브엘세바에서 물 문제로 갈등을 겪었으나 화해하며 공존했다. 아브라함의 자손들은 가나안과 애굽의 여러 곳에서 살았다. 아브라함이 살았던 가나안은 팔레스타인과 같은 지역이라고 설명한다.그림 2

제2차 세계 대전 이후 팔레스타인은 영국의 위임통치령으로 존속했다. 1947년 UN은 팔레스타인을 분할하기로 했다. 팔레스타인에 유대인 국가와 아랍인 국가를 함께 세우기로 한 것이다. 예루살렘은 국제 공동 통치지역으로 설정했다. 1948년 5월 14일 이스라엘이 건국했다. 아랍 국가들은 이를 받아들이지 않고 이스라엘을 침공했다. 1948년 9월 22일 팔레스타인 사람들은 독자적으로 팔레스타인 정부를 창설했다. 팔레스타인 정부의 실질적 영

그림 3 **팔레스타인 라말라 인근의 이스라엘 서안 방벽**

토는 가자 지구에 한정되었다. 1948년 전쟁 이후 요르단강 서안 지구는 요
르단에 귀속되었다. 서안 지구와 가자 지구는 1967년 6월 전쟁 이후 이스라
엘에 병합됐다. 1988년 1월 15일 팔레스타인 해방 기구는 알제리의 수도 알
제에서 팔레스타인국의 수립을 선포했다. 팔레스타인 해방 기구는 영어로
Palestine Liberation Organization라 표기하며 약칭으로 PLO라 했다.
1993년 오슬로 협정으로 팔레스타인 자치 정부는 요르단강 서안 지구와 가
자 지구를 통치하게 되었다. 2013년 UN 회원 138개국이 팔레스타인을 국
가로 공인했다. 팔레스타인 사람들은 독립적인 국가를 수립하고 국제 사회
의 일원이 되었다.

1987년 가자 지구에서 팔레스타인 청년이 이스라엘 군용 트럭에 깔려 죽

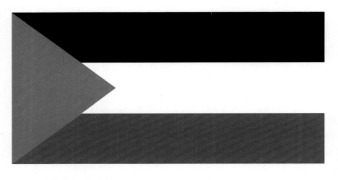

그림 4 **팔레스타인 국기**

는 사건이 발생했다. 팔레스타인은 이스라엘에 항거하여 제1차 인티파다(Intifada) 봉기를 일으켰다. 2000년 이스라엘 샤론 국방장관이 이슬람교 성지 알 아크사 사원에 무장 호위병을 대동하고 방문했다. 이를 계기로 제2차 인티파다가 터졌다.

제2차 인티파다를 계기로 이스라엘 서안 방벽(Israeli West Bank barrier)이 세워졌다. 총길이가 708km다. 서안 방벽은 이스라엘과 팔레스타인 휴전선인 그린 라인(Green Line)에 15%, 서안 지구 안에 85% 비율로 건설됐다.그림 3

팔레스타인 국기는 1964년 팔레스타인 해방 기구가 채택하고, 1988년 팔레스타인 자치 정부가 국기로 제정했다. 1916년 아랍 혁명에서 사용된 깃발을 바탕으로 제작됐다. 검은색, 하얀색, 초록색의 삼색이 가로 줄무늬로 그려 있다. 깃대쪽에 빨간색 삼각형이 있다. 검은색은 아바스 왕조를 뜻한다. 하얀색은 우마이야 왕조를 의미한다. 초록색은 파티마 왕조를 나타낸다. 빨간색은 하심가를 말한다. 범아랍 색상에서 유래되었다.그림 4

팔레스타인의 인종 구성은 팔레스타인계 아랍인이 83%, 이스라엘계 유대인과 기타 인종이 17%다. 2021년 기준으로 전 세계에 사는 팔레스타인 사람들은 14,000,000명으로 추정되었다. 팔레스타인국에 사는 사람들은 5,300,000명이다. 서안 지구에 3,200,000명이, 가자 지구에 2,100,000명이 거주한다. 1948년에 설정됐던 영토안에는 1,700,000명이 산다. 디아스포라로 팔레스타인 외 지역에 나가서 산다. 팔레스타인 외 다른 지역은 요르단, 시리아, 칠레, 레바논, 사우디아라비아, 이집트, 미국, 온두라스, 과테말라, 멕시코, 카타르 등이다.

　팔레스타인의 공식어는 아랍어다. 영어, 히브리어도 사용한다. 경제 활동은 2014년 기준으로 농업 5.5%, 산업 23.4%, 서비스업 71.1%다. 2022년 기준으로 1인당 GDP는 3,682달러다. 종교는 이슬람교가 85%, 유대교가 12%, 기독교가 2.5%다.

그림 5 **팔레스타인 서안지구 임시 행정 수도 라말라**

그림 6 **팔레스타인 라말라의 야세르 아라파트 영묘**

02 임시 행정 수도 라말라

라말라(Ramallah)는 1996년 이후 팔레스타인국의 임시 행정 수도다.그림 5 본래 발음은 「람알라」다. 라말라는 '신의 높이(God's Height)'라는 뜻이다. 해발 고도 880m에 위치해 있다. 요르단강 서안 지구에 있다. 16.3㎢ 면적에 2017년 기준으로 38,998명이 산다. 라말라 대도시권 인구는 153,237명이다. 2007년까지 이슬람교도가 27,902명으로 라말라 거주자의 대다수였다. 2002년 이후 건축이 활성화되어 아파트와 호텔이 들어섰다. 2010년 이후 상당수 팔레스타인 기업이 동예루살렘에서 라말라로 이전했다. 정보 기술 회사 ASAL Technologies가 있다. 2004년 영면한 팔레스타인 초대 자치 정부 초대 수반이었던 야세르 아라파트(Yasser Arafat)의 영묘가 라말라 무카타에 있다.그림 6

라말라에서 서쪽으로 30km 떨어진 곳에 이스라엘령 라믈라(Ramlāh) 도시가 있다. 라믈라는 텔아비브 배후 도시다. 라믈라는 716년 이슬람 우마이야 왕조에서 건설했다. 2001년에 이르러서는 유대인이 전체 인구의 80%를 차지했다. 2019년 기준으로 9,993㎢ 면적에 76,246명이 산다.

그림 7 **팔레스타인의 가자시(市)**

03 오래된 도시들

가자

가자 지구(Gaza Strip)는 365㎢ 면적에 2020년 기준으로 2,047,969명이 거주한다. 가자는 '사나운, 강한'의 뜻이다. 가자는 동·북쪽으로 51km에 걸쳐 이스라엘과 접경한다. 서쪽은 지중해다. 남서쪽은 이집트와 접경한다.

가자는 근세까지 오스만 제국이 통치했다. 그 후 영국(1918-1948), 이집트(1946-1967), 이스라엘(1967-1994)이 지배했다. 1993년 8월 오슬로 협정을 계기로 1994년부터 팔레스타인 자치 정부가 관할하게 되었다. 2006년 자유 선거에서 이슬람 원리주의자 하마스(Hamas)가 승리하여 관리의 주체가 되었다. 그러나 2006년 6월 하마스는 이슬람 세속주의자 파타(Fatah)와 유혈 내전으로 갈등했다. 2007년 이후 하마스는 가자 지구를, 파타는 서안 지구를 관할하고 있다.

팔레스타인 주민의 대부분은 1948년 제1차 중동 전쟁인 팔레스타인 전쟁 때 유입된 팔레스타인 난민이었다. 1987년 12월 자발리아 난민 캠프에서 대중 봉기인 인티파다가 발생했다. 가자 지구와 이스라엘과의 사이에 완충 지대가 설치됐다.

가자시(Gaza City)는 45㎢ 면적에 2017년 기준으로 590,481명이 산다.그림 7 가자 지구의 산업은 직물, 비누, 올리브, 감귤류 등을 생산하는 소규모 가족 기업이다. 가자 주민 98%가 이슬람교도다. 1978년에 11개 학부의 이슬람대학교가 설립됐다. 재학생수 20,021명이다.

헤브론

헤브론(Hebron)시에는 2016년 기준으로 74.102㎢ 면적에 215,452명이 산다. 헤브론주(州)에는 2021년 기준으로 782,227명이 거주한다. 해발 고도 930m의 유대 산맥에 위치해 있다. 헤브론은 서안 지구의 교역 중심지다.

　헤브론은 '친구'를 뜻하는 히브리어 '흐브르(ḥbr)'에서 유래했다. 아랍어로는 '알칼릴'이라 한다. '알라가 아브라함을 친구로 삼았다'는 뜻이다. 성경 창세

그림 8 **팔레스타인 헤브론의 족장들의 무덤**

기에 '4개의 도시'라는 뜻의 키리
아트 아르바(Kiryat Arba)라는 지명
으로 나온다.

　헤브론은 유대교, 이슬람교, 기
독교의 성지로 간주한다. 아브라
함이 살았던 곳이다. 족장들의 무
덤(Tomb of the Patriarchs)이 있다. 족
장들의 무덤에는 아브라함과 아
내 사라가 안장되어 있다. 아브라
함의 아들 이삭 내외와, 이삭의 아
들 야곱 내외도 있다. 막벨라 동굴
(Cave of Machpelah)이었고, 아브라
함의 성소(聖所)(Sanctuary of Abraham)
라 한다. 막벨라는 '이중 동굴'이
란 뜻이다. 헤롯 왕이 직사각형의

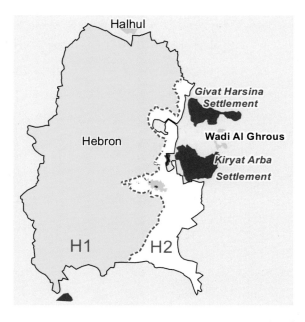

그림 9 **팔레스타인 헤브론의 H1 H2 지구와 이스라엘의
주거 지역**

울타리로 무덤을 뒤집어 씌웠다.그림 8 이스라엘 왕국의 다윗이 7년간 헤브
론에서 지내다가 예루살렘으로 수도를 옮겼다. 다윗의 아들 압살롬이 반란
을 일으켰던 곳이 헤브론이다. 헤브론은 여러 세월 동안 영고성쇠를 겪은 도
시다. 2017년 유네스코 세계 문화유산으로 등재되었다.

　1967년 이스라엘이 6일 전쟁인 제3차 중동 전쟁에서 승리하여 헤브론을
이스라엘에 병합시켰다. 유대인은 헤브론 주변에 키리아트 아르바, 기바트
하르시나 정착촌을 세워 이주했다. 헤브론은 1995년 팔레스타인 자치 정부
가 관할하는 도시가 되었다. 1997년 1월 17일 헤브론 의정서를 체결했다. 팔

레스타인이 시 면적의 80%인 H1을 관할하고, 나머지 20%인 H2는 이스라엘이 관장하게 되었다. 헤브론에는 팔레스타인 사람들이 다수 거주한다. 유대인은 유대인 정착촌과 구시가지 주변에 산다. 헤브론의 구시가지에는 좁고 구불구불한 거리, 전통 시장이 있다.그림 9

건조지역에서의 물은 생명수다. 유수지를 만들어 물을 보전한다. 헤브론에는 물이 풍부하고 토양이 비옥하여 농사가 잘된다. 경제 활동은 석회석, 포도, 무화과, 도자기 생산으로 이뤄진다. 유리 세공은 헤브론에서 오래 전부터 행해져 온 전통 산업이다.그림 10 1971년에 개교한 헤브론대학교와 1978년에 문을 연 팔레스타인 폴리테크닉대학교가 있다.

그림 10 **팔레스타인 헤브론의 유리 세공(細工)**

베들레헴

베들레헴(Bethlehem)에는 10.611㎢ 면적에 2017년 기준으로 28,591명이 산다. 베들레헴 대도시권 인구는 97,559명이다. 해발 777m 산지에 있다. Beth는 '집'을 Lehem은 '빵'을 의미해 Bethlehem은 '빵집'이란 뜻이다.그림 11

　BC 1400년경부터 이곳에 사람들이 살기 시작한 것으로 추정한다. 다윗의 고향이다. 야곱의 아내 라헬의 무덤이 있다. 아이가 없는 여자들이 베들레헴을 찾는다. 베들레헴 교외에 원래의 양치기의 들판(Shepherds' Field)이 남아 있다. 1920-1948년의 기간은 영국이 관할했다. 1948년 제1차 중동 전쟁 이후 요르단이 관리했다. 1967년 전개된 6일 전쟁 이후에는 이스라엘이 통치했다. 오슬로 평화 협정으로 1995년부터 팔레스타인이 관할한다. 2000-2005년 사이의 제2차 인티파다로 베들레헴의 인프라가 파괴되었다. 기독교도는 1948년에 베들레헴 인구의 85%였다. 1967년에는 무슬림이 53.9%, 기독교

그림 11 팔레스타인의 베들레헴

도가 46.1%로 바뀌었다.

　　예수가 동정녀 마리아의 몸에서 태어난 베들레헴의 마굿간은 예수 탄생 동굴로 남아 있다. 동굴 위에는 예수 탄생 교회가 세워져 있다. 서양력은 예수가 태어난 해를 기준으로 설정됐다. 예수 탄생 교회는 330년 모후 헬레나의 영향을 받은 콘스탄티누스 대제가 세웠다. 현재의 성당은 565년 유스티니아누스 때 재건됐다. 예수 탄생 교회는 2012년 유네스코 세계 문화유산으로 등재되었다. 기독교 각 종파가 순례 방문을 한다.그림 12

　　예수 탄생 동굴 안 제대 아래의 대리석 바닥에 은색 별 장식으로 예수 탄생 장소가 표시되어 있다. 「예수 탄생 은별」이라 불린다. 별은 14각으로 되어 있다. 14각은 십자가의 길 14처를 나타낸다. 아브라함부터 다윗까지 14

그림 12 **팔레스타인 베들레헴의 예수 탄생 교회**

그림 13 **팔레스타인 베들레헴 탄생 교회의 「예수 탄생 은별」**

대에 이른다. 또한 다윗부터 바빌론 유배 시대까지 14대를 뜻한다. 그리고 유배 시대 이후부터 예수까지 14대를 의미한다. 별에는 라틴어로 『*Hic de Virgine Maria Jesus Christus Natus est*』라고 새겨져 있다. "이곳에서 예수 그리스도께서 동정녀 마리아에게서 탄생하셨다."는 뜻이다.그림 13

여리고

여리고(Jericho)에는 2006년 기준으로 58.701㎢ 면적에 20,300명이 산다. 「제리코」라고도 한다. 팔레스타인 요르단강 서안 지구에 있으며, 여리고 주의 주도(州都)다. 지중해 해수면보다 250m 낮다. 예루살렘은 해발 고도 750m에 있다. 예루살렘과 여리고의 고도차는 1,000m다. 종려나무 등 과실 수가 우거진 오아시스 도시다. 여리고는 '향기로운(fragrant)' 또는 '달(moon)'이란 단어에서 유래했다 한다. '야자수의 도시'라 불린다.

1868년 발굴로 고대 여리고였던 텔 에스술탄(Tel es-Sultan)에 BC 10000-BC 900년 기간 동안 사람들이 살았다는 내용이 확인되었다.그림 14 여리

그림 14 **팔레스타인 여리고의 유적**

고 내외(內外)에 있는 풍부한 샘물이 농경을 가능하게 했다고 해석했다. BC 14세기에 여호수아는 여리고성(城)을 함락했다. 현재의 여리고는 비잔틴 때의 여리고 터 위에 재건되었다. 여리고는 영국령 팔레스타인 위임이 끝난 후 1949-1967년 기간 동안 요르단에 합병되었다. 6일 전쟁에 승리한 이스라엘이 1967년부터 여리고를 비롯한 요르단강 서안을 점령했다. 1994년에 이르러 팔레스타인 자치 정부가 여리고 행정 통제권을 이양받았다.

수량이 풍부한 엘리사(Elisha)의 샘이 있다. BC 892-BC 832년 기간인 구약 시대의 예언자 엘리사가 이 샘의 수질을 좋게 변화시켰다고 한다. 이런 연유로 이곳 명칭이 엘리사의 샘이라 붙여졌다.그림 15 신약시대에 세리(稅吏) 삭개오가 회심하여 구원을 얻은 곳이 여리고다. 그가 예수를 보기 위해 올라갔다는 뽕나무와 같은 수종의 나무가 있다.그림 16

그림 15 **팔레스타인 여리고 엘리사의 샘과 엘리사**

그림 16 **팔레스타인 여리고의 예수와 삭개오 뽕나무**

성경에서 예수가 공생애(公生涯)를 시작하기 전에 시험을 받았다는 광야와 시험의 유혹산(mountain of temptation)을 다룬다. 광야는 예루살렘과 여리고 사이라고 설명한다. 광야는 바위가 많고 5세기 이래로 사람이 살지 않는 지역으로 여겨져 왔다. 광야의 돌을 떡으로 바꿔 보라며 예수가 시험당한 곳은 콰란타니아산 주변의 한 지점이라고 설명한다.그림 17

예루살렘에서 여리고로 가는 길에 있는 석회암 봉우리 콰란타니아산을 시험받은 시험산으로 거론한다. 시험산은 유혹산이라고도 한다. 1895년 해발 350m의 유혹산의 경사면에 유혹의 수도원(Monastery of the Temptation)이 건설됐다. 여리고와 요단 계곡이 내려다 보인다. 팔레스타인국의 관할 아래 예루살렘 그리스 정교회가 관리한다. 1999년 4개 그룹으로 구성된 12개의 8인승 곤돌라 케이블카가 설치됐다. 총 거리는 계곡 역에서 50m 아래에 있는 유혹의 수도원까지 1330m다. 엘리야의 샘을 지나고 230m 아래에 있는 텔 에스-술탄 유적지를 가로지른다.그림 18

그림 17 **팔레스타인 여리고 인근의 광야와 돌**

그림 18 **팔레스타인 여리고 인근의 시험산, 수도원, 곤돌라 케이블카**

나블루스

나블루스(Nablus)는 28.6㎢ 면적에 2017년 기준으로 156,906명이다. 나블루스 대도시권 인구는 228,382명이다. 로마 시대인 72년에 '새로운 도시'의 뜻인 Flavia Neapolis(플라비아 네아폴리스)로 출발했다. 성서 도시 세겜(Shechem)이 나블루스로 변천했다고 설명한다. 해발 고도 881m의 그리심(Gerizim)산과 940m의 에발(Ebal)산 사이에 세겜이 있다. 세겜과 헤브론 사이에 성서 지점 베델이 있다.그림 19 7세기 이슬람 통치 때 오늘날 아랍어 도시명인 나블루스(Nablus)가 되었다. 1922-1948년 기간에 영국이, 1948-1967년 사이에 요르단이, 1967-1995년 기간에 이스라엘이 관할했다. 1995년 이후 팔레스타인이 통치하고 있다. 주민의 대다수가 이슬람교도다. 기독교인과 사마리아인이 소수 살고 있다. 1977년 나블루스에 안나자국립대학교가 설립됐다. 19개

그림 19 **팔레스타인의 그리심산, 세겜/나블루스, 에발산**

학부에서 22,000명의 학생과 300명의 교수가 있다.

　나블루스에서 생산되는 나불시 비누(Nablusi Soap)는 버진 올리브유, 물, 알칼리성 나트륨으로 만든다. 상아색이며 냄새가 거의 없다. 14세기까지 나블루스의 주요 산업이었다. 1907년에는 나불시 비누 공장이 30개나 있었다. 1927년의 여리고 지진과 이스라엘의 군사 점령 등으로 2008년에는 2개의 비누 공장만이 운영됐다.

팔레스타인의 영토는 가나안의 서안 지구와 가자 지구다. 팔레스타인 공식어는 아랍어다. 영어, 히브리어도 사용한다. 경제 활동은 2014년 시점에서 농업 5.5%, 산업 23.4%, 서비스업 71.1%다. 2022년 기준으로 1인당 GDP는 3,682달러다. 종교는 이슬람교가 85%, 유대교가 12%, 기독교가 2.5%다. 라말라는 임시 행정 수도다. 서안 지구의 헤브론, 베들레헴, 여리고, 나블루스와 가자 지구의 가자 시가 팔레스타인이 관할하는 도시다.

33

요르단 하심 왕국

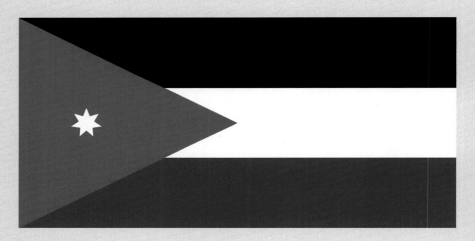

그림 1 **요르단 국기**

01 요르단 전개 과정

요르단의 공식 명칭은 요르단 하심 왕국이다. 아랍어로 Al-Mamlakah al-'Urdunniyyah Al-Hāshimiyah(우르둔 하심 왕국)이라 한다. 영어로 Hashemite Kingdom of Jordan으로 표기한다. 약칭으로 요르단, Jordan이라 쓴다. 89,342㎢ 면적에 2021년 기준으로 11,042,719명이 산다. 국명은 요르단강에서 따왔다.

요르단 국기는 1928년에 공식 채택됐다. 제1차 세계대전 중인 1916년 오스만 제국에 대항한 아랍 반란의 깃발에 기초했다. 국기에는 검은색, 하얀색, 초록색의 가로 줄무늬 띠가 있다. 깃대 쪽으로 빨간색 삼각형과 그 안에 하얀색 칠각별이 그려져 있다. 검은색은 아바스 왕조를 뜻한다. 하얀색은 우마이야 왕조를 의미한다. 초록색은 파티마 왕조를 나타낸다. 빨간색 삼각형은 하심가와 아랍 반란을 뜻한다. 하얀색 칠 각별은 7개의 구절을 말한다. 7개의 구절은 이슬람교 경전 『꾸란』의 첫 장의 구절이다.그림 1

BC 7500년경 신석기 시대에 사람들이 요르단에 거주했다. 2014년 건설한 암만의 요르단 박물관에는 아인 가잘(Ain Ghazal) 동상이 있다. 1983년에 발굴한 고대(古代) 동상 아인 가잘은 BC 7200년경에 만들어진 것으로 추정한다. 가장 오래된 인간 동상 중 하나다. 청동기 시대에 암몬, 모압, 에돔 왕국이 존재했다. 성경에는 암몬, 모압이 롯의 후손이며, 에돔이 에서의 후손으로 나온다. BC 4세기-106년 기간에 나바테아 왕국(Nabataean Kingdom)이 있었다. 페르시아 제국, 로마 제국, 오스만 제국 등이 이곳을 거쳐갔다.

1921년 영국 보호령 트란스요르단(transjordan) 토후국이 설립됐다. 하심가 출신 압둘라 1세를 영입해 토후국을 세웠다. 트란스요르단은 「요단강 건너편」이란 말로 '요르단강 동쪽 땅'을 의미한다. 압둘라 1세는 1921-1946년 기간에 트란스요르단의 에미르였다. 에미르는 Emir, Amir로 표기한다. 에미르는 아랍어로 '사령관, 장군'이란 뜻이다. 토후(土侯), 수장(首長), 추장(酋長) 등으로 번역된다.

1946년 5월 25일 영국으로부터 독립하여 요르단 왕국이 되었다. 1949년에 요르단 하심 왕국으로 개명했다. 1946-1951년에 압둘라 1세는 요르단 왕국의 왕으로 통치했다. 1951년 7월 20일 금요 기도에 참석하러 예루살렘 알아크사 사원에 갔다가 입구에서 팔레스타인 민족주의자에게 암살됐다.

요르단은 1948-1967년 기간에 동예루살렘과 요르단강 서안 지구를 영토에 추가했다. 1967년 제3차 중동 전쟁으로 추가된 영토를 이스라엘에게 빼앗겼다. 이곳에 살던 팔레스타인 사람들이 요르단으로 대거 유입됐다. 1952년 국왕 후세인이 입헌군주제를 선포하고 친서방 외교 노선을 폈다. 요르단은 아랍권에서 이집트와 함께 이스라엘과 평화 협정을 맺고 있다. 후세인 왕이후 요르단은 이스라엘, 아랍국가, 서방국가 간의 완충지대 역할을 한다. 1999년 후세인 국왕이 사망하고 그의 아들 압둘라(Abdullah) 2세가 왕위를 계승했다. 압둘라 왕조는 1924년부터 예루살렘에 있는 바위의 돔 사원과 여러 이슬람교와 기독교 성지를 관리하고 있다.

요르단의 공식 언어는 아랍어. 영국의 영향으로 영어가 쓰인다. 불어도 사용된다. 인종 구성은 아랍인 95%, 체르케스인과 체첸인 3%, 아르메니아인 등 2%다. 인구 구성에서 팔레스타인 출신 비율이 높다. 종교는 수니파 이슬람교가 95%다. 기독교는 4%다.

그림 2 **요르단의 시리아 자타리 난민캠프**

　요르단의 주력 산업은 서비스업과 관광업이다. 서비스업이 80%다. 관광 수입이 GDP의 8-10%다. 2015년에 타필라(Tafila) 풍력 발전 단지가 조성됐다. 117MW를 생산한다. 2022년 요르단 1인당 GDP는 4,635달러다.

　요르단은 아랍에서 서구화된 나라 가운데 하나다. 가부장적이고 부족과 가문의 명예를 중시한다. 세습 왕정의 국민적 지지가 단단하다. 요르단 국적을 가지고 국가 요직에서 활동하는 소수 민족도 상당하다.

　요르단에는 난민이 많다. 시리아 난민은 140만 명이다. 5개의 난민 캠프가 있다. 자타리 등 3개는 공식 캠프고 나머지는 임시 캠프다. 시리아 내전 난민을 위한 자타리 캠프는 2012년 조성됐다.그림 2 유엔에 등록된 시리아 난민은 650,000명이다. 나머지는 요르단의 마을과 도시에 거주하고 있다. 팔레스타인 난민은 2014년에 2,117,361명으로 등록됐다. 팔레스타인 난민은 암만, 자르카, 이르비드 등에 많이 산다. 2014년 기준으로 시리아에서 20,000명, 이라크에서 7,000명의 아랍계 기독교인이 난민으로 들어왔다.

그림 3 **요르단의 수도 암만**

02 수도 암만과 유적지

암만(Amman)은 요르단의 수도다. 1,680㎢ 면적에 2016년 기준으로 4,007,526명이 산다. 해발 고도 700-1,100m에 위치해 있다. 암만의 건물은 대부분 채색하지 않고 그대로 둔다. 석양에 햇빛이 반사되어 황금색으로 바뀌는 경관이 나타나기 때문이다.그림 3

암만이라는 이름은 BC 13세기부터 쓰였다. 이곳에 살았던 고대 암몬족에서 유래했다. 암몬 사람들은 '수도' 또는 '왕의 숙소'를 뜻하는 Rabbat(라바트)를 사용해 Rabbat Amman이라 했다. 세월이 흐르면서 Rabbat는 쓰지 않고 Amman만 사용하게 됐다. BC 283-BC 246년 기간에 재위한 마케도니아 통치자 프톨레마이오스 2세 필라델푸스는 이 도시를 필라델피아로 개명했다. 자신의 별명인 필라델푸스(Philadelphus)를 따서 붙인 이름이다. 필라델피아는 '형제애(愛)'라는 뜻이다.

암만은 BC 7250년 신석기 시대부터 시작됐다. 철기 시대에 이르러 암만은 암몬 왕국의 수도였다. BC 3세기 프톨레마이오스 2세 필라델푸스가 도시 이름을 필라델피아로 개명했다. 암만은 헬레니즘 문화 지역이 되었다. 로마 시대 때 필라델피아는 10개 데카폴리스 그리스-로마 도시 중 하나였다.

알렉산더 대왕의 후예들이 요르단 강 양안에 10개의 그리스 로마 식민지 마을인 데카폴리스(Decapolis)를 세웠다. 요르단의 게라사(제라쉬), 필라델

그림 4 **요르단강 양안의 Decapolis**

피아(암만), 시리아의 다마스쿠스 등이다.그림 4 그 중 하나인 제라쉬 (Jerash, Gerasa)에 타원형 포럼이 있다. 제라쉬는 암만에서 북쪽으로 48km 떨어져 있다. 제라쉬는 BC 7500년에 사람이 살기 시작했다. 1910년에 현대 도시 체계를 갖췄다. 2015년 기준으로 50,745명이 산다.그림 5

7세기에 고대 셈족 이름이 복원되어 필라델피아가 암만으로 바뀌었다. 1878년 오스만 제국이 암만에 체르케스인을 정착시켰다. 1909년 암만 시의회가 설립됐다. 1921년 암만은 트란스요르단의 수도가 되었다. 요르단과 레반트의 여러 도시에서 사람들이 암만으로 몰렸다. 1948년과 1967년에 팔레스타인에서, 1990년과 2003년에 이라크에서, 2011년 이후 시리아에서 난민이 유입됐다. 외국인 관광객도 들어 왔다. 암만 동부 지역에는 유적지가 많다. 암만 서부 지역은 현대적이며 경제 중심지다.

암만의 경제 활동은 은행, 관광, 비즈니스 등에서 활발하다. 암만에는 25개 은행이 있다. 암만은 아랍 은행(Arab Bank)의 거점 도시다. 아랍 은행은 5개

그림 5 **요르단 제라쉬의 타원형 포럼 유적지**

대륙 30개국 600개 이상의 지점에서 서비스를 제공하는 글로벌 은행이다. 영국의 스탠다드 차타드, 프랑스의 소시에테 제네랄, 미국의 시티 은행 등이 암만에 지점을 두고 있다.

2011년 기준으로 180만 명의 관광객이 요르단을 방문했다. 관광객은 암만에서 13억 달러 이상을 지출했다. 의료 관광이 활성화되어 있다. 암만은 연간 250,000명의 외국인 환자를 치료한다. 의료 관광으로 연간 10억 달러 이상이 들어 온다.

암만은 비즈니스 허브로 설명한다. 비즈니스가 활력을 갖추면서 도시의 스카이라인이 변하고 있다. 2005년에 시작된 뉴압달리(New Abdali) 프로젝트로 호텔, 아파트, 사무실, 상업 아웃렛, 엔터테인먼트 건물이 암만의 알 압

그림 6 **요르단 암만의 압둘라 1세 모스크**

달리 지역에 들어서고 있다. 1983년에 건설한 퀸 알리아 국제공항이 있다. 공항 이름은 1977년 헬리콥터 추락 사고로 사망한 알리아 여왕의 이름을 따서 지었다. 1963년부터 운항한 로얄 요르단의 허브 공항이다. 1978년에 제약업 히크마(Hikma), 1982년에 물류업 아라멕스(Aramex), 1994년에 글로벌 엔터테인먼트 프로덕션 루비콘 그룹 홀딩스(Rubicon Group Holding), 1998년에 온라인 서비스업 마크톱(Maktoob)이 암만에서 설립됐다. 요르단의 암만, 카타르 도하, 아랍에미리트의 두바이는 중동과 북아프리카의 다국적 기업 선호 지역이다.

암만에는 외국인이 다수 거주한다. 2015년 기준으로 시리아인 435,578명, 이집트인 390,631명, 팔레스타인인 308,091명, 이라크인 121,893명, 예멘인 27,109명, 리비아인 21,649명, 기타 147,742명이 산다.

암만에 있는 압둘라 1세 모스크는 3,000명의 무슬림이 기도를 드릴 수 있는 사원이다. 1989년에 완성했다. 지붕은 파란색 모자이크 돔으로 덮여 있다. 내부는 붉은 색의 페르시아 카펫이 깔려 있다.그림 6

암만에서 북서쪽으로 20km 떨어진 곳에 기독교 도시 푸헤이스(Fuheis)가 있다. 1962년에 설립됐다. 2020년 기준으로 17㎢ 면적에 21,413명이 산다. 주민의 종교 구성은 그리스 정교회 60%, 가톨릭 35%, 수니파 이슬람 5% 등이다. 올리브, 포도 등 농업과 시멘트 공장이 있어 경제를 지탱한다. 푸헤이스 페스티벌은 제라쉬 페스티벌과 함께 요르단의 2대 페스티벌이다.

암만 시내의 로마 원형극장(Roman Amphitheatre)은 고대 필라델피아 유적지다. 169-177년경에 건설된 것으로 추정한다. 6,000석 규모다. 암만 국제 도서 박람회, 암만 마라톤 시상식, 뮤지컬 콘서트 장소로 활용된다.그림 7

자발 암만(Jabal Amman)은 요르단을 이루는 7개 언덕 가운데 하나다. 시장, 박물관, 고대 건축물, 레인보우 스트리트, 수크 자라 시장, 문화 유적지 등이 있다. Souk Jara(수크 자라)의 수크(Souk)는 '시장'이라는 뜻이다. 공예품, 음식, 예술품, 의류, 전통 제품 등이 거래된다. 영화, 콘서트, 문화 활동이 일상적으로 펼쳐진다. 5월 중순부터 8월 중순까지 금요일에 열

그림 7 **요르단 암만의 로마 원형 극장 필라델피아 유적지**

린다. 1964년 지은 암만 국제 경기장은 1968년에 개장했다. 요르단 축구대표팀과 1932년 창립한 알파이살리 축구팀의 홈 경기장이다. 17,619명을 수용한다.

　암만은 아랍권에서 자유로운 도시 가운데 하나다. 다양한 음식 문화, 개방적인 생활 양식, 상대적으로 관용적인 종교 생활 등이 암만을 선호하는 지역으로 만들고 있다.

　고대 대상 도시 페트라는 요르단의 유적 도시다. 페트라는 '바위'라는 뜻이다. 외부에서 보면 그냥 돌산이다. 페트라에서 사용한 암석은 붉은 사암과 석회암이다. 돌 색깔 때문에 「붉은 장미의 도시」라 불린다. 유목생활을 하던 나바테

그림 8 **요르단의 페트라 외부 경관과 입구 시크**

아인이 BC 4세기 무렵 페트라에 정착했다. 나바테아인들은 이 도시를 레켐(Rekem)이라 불렀다. 로마 정복 이래 그리스인들이 이곳을 페트라(Petra)라고 쓰기 시작해 그대로 굳어졌다. 실크로드의 길목으로 대상들이 들러가는 상

업 요충지였다. 번성기의 인구는 25,000-50,000명으로 추산했다. 106년 로마에 의해 멸망했다. 363년과 6세기의 지진으로 도시 구조물이 많이 파괴됐다. 1812년 스위스 지리학자 부르크하르트(Johann Ludwig Burckhardt)가 발견했다. 그는 풍토병으로 1817년 33살에 사망했다. 페트라는 1985년에 유네스코 세계 문화유산에 등재되었다. 1989년에 개봉된 스티븐 스필버그의 영화 『인디아나 존스-최후의 성전』 촬영지다. 2019년 페트라에 110만 명의 관광객이 찾아왔다. 페트라의 유적은 로마의 영향권에 있을 때 지어졌다. 그리스 로마 양식에 아시리아·이집트 스타일이 가미되었다. 페트라 입구는 협곡 시크(Siq)다. 폭이 3m, 길이가 1.2km다.그림 8

그림 9 **요르단 페트라의 알 카즈네**

입구를 지나 들어가면 알 카즈네가 있다. '파라오의 보물 창고'란 뜻이다. 아레타스(Aretas) 4세의 영묘로 추정한다. 그는 BC 9-40년 기간에 나바테아 왕으로 재위했다. 갈릴리 분봉왕 헤롯의 장인이었다. 헤롯이 아레타스 4세의 딸을 버리고 제수 헤로디아와 결혼했다. 이에 분격한 아레타스 4세는 갈릴리를 침공했으나 로마가 중재해 물러났다. 알 카즈네는 붉은 사암 암벽을 파서 만들었다. 높이 40m, 너비 25m다. 1세기에 건조됐다.그림 9

페트라는 여러 개의 작은 중심지로 구성되어 있다. 페트라에는 사원, 비잔틴 교회, 왕릉, 극장, 목욕탕, 수영장, 정원 등의 시설이 있다. 알 카즈네 옆쪽의 파인 구멍은 BC 1세기에 조성된 묘지로 보고 있다. 페트라 북서쪽 언덕 위에 '수도원'「엘데이르(el-Deir)」가 있다. 1세기 중반에 세운 나바테아인들의 종교 성지다. 높이 47m 너비 48m다.그림 10 돌을 파서 조각한 산양 모습이 남아

그림 10 **요르단 페트라의 수도원 「엘데이르」**

그림 11 **요르단 페트라의 산양 조각과 동굴 주거지**

있다. 동굴을 조성해 생활하던 거주지 유적이 남아 있다. 페트라에는 베두인
족이 살았다. 1985년경 200가구 정도였다. 관광 안내 역할도 한다.그림 11

　페트라 인근에 '모세의 계곡'을 뜻하는 와디 무사(Wadi Musa) 마을이 있다.
7.36㎢ 면적에 2015년 기준으로 6,831명이 산다. '모세의 샘', '모세의 우물'
인「아인 무사」가 있다. 모세가 지팡이로 바위를 쳐서 물이 나왔다는 곳이
다. 나바테아인들은 이 샘에서 물을 운반하는 수로를 건설했다. 이런 연유로
와디 무사는「페트라의 수호자」라는 별명을 얻었다.그림 12

　모세가 애굽에서 나와 광야에서 살다가 죽기 전에 올랐다는 느보(Nebo)산
이 요르단에 있다. 모세가 가나안 땅을 바라보며 생을 마감했다는 장소다.
암만에서 남서쪽으로 30km 떨어진 곳에 기독교 도시 마다바가 있다. 느보
산은 마다바에서 남동쪽 위치에 있다. 해발 고도 808m다. 모세의 장소라는
현판이 있다. 정상에서 보면 예루살렘, 서안 지구, 요르단 계곡, 여리고 등이
보인다. 느보산에서 각 지역까지의 거리를 나타내는 이정표가 그려져 있다.
산 정상에는 모세가 광야에서 불러냈다는 놋뱀 조각과 예수의 십자가 조각
이 세워져 있다.그림 13

그림 12 **요르단 페트라 인근 모세의 계곡과 아인 무사**

그림 13 **요르단 느보산과 모세의 놋뱀 조각**

그림 14 **요르단 베다니의 예수 세례지 알 마그타스**

'침례'를 뜻하는 알 마그타스(Al-Maghtas)는 요르단강 건너편 베다니에 있는 침례 유적지다. 세례자 요한이 예수에게 세례를 베풀었던 장소다. 2000년에 교황 요한 바오로 2세가 방문했다. 2015년 유네스코 세계 문화유산으로 등재됐다.그림 14

와디 럼(Wadi Rum)은 「달의 계곡」이라 한다. 요르단강 남부에 사암과 화강암 암석으로 만들어진 지형이다. 선사 시대부터 인간이 거주했다는 흔적이 있다. 「지혜의 일곱 기둥」 등이 있다.그림 15

그림 15 **요르단의 와디럼 「달의 계곡」**

아카바 깃대(Aqaba Flagpole)는 요르단 아카바 해안에 있다. 2004년에 세웠다. 깃대 높이가 130m다. 아카바 전투를 기념하는 깃대다. 1965년 요르단이 사우디 아라비아와 영토를 교환했다. 아카바만을 통해 바다로 나가고자 함이었다. 교환된 사우디아라비아 땅에서 유전이 발견됐다.그림 16

요르단의 공식 언어는 아랍어다. 영어와 불어도 쓰인다. 요르단은 은행, 비즈니스, 관광이 활성화되어 있다. 요르단의 1인당 GDP는 4,635달러다. 종교는 수니파 이슬람교가 95%, 기독교가 4%다. 암만은 1921년부터 요르단의 수도였다. 페트라, 제라쉬, 와디 럼, 느보산, 알 마그타스 등은 역사적 유적지다.

■ gained by Jordan
■ gained by Saudi Arabia

그림 16 **요르단의 아카바 깃대와 영토 교환**

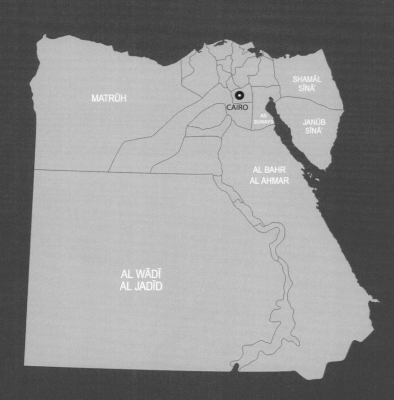

이집트 아랍 공화국

그림 1 **이집트 국기**

01 이집트 전개 과정

자연 인문 환경

이집트의 공식 명칭은 이집트 아랍 공화국이다. 공용어인 현대 표준 아랍어로는 Jumhūriyyat Miṣr al-ʻArabiyya(줌후리야트 미스르 알아라비야)라 한다. 영어로 Arab Republic of Egypt라 표기한다. 약칭은 아랍어로 미스르, 영어로 Egypt, 한글로 이집트, 한자로 埃及(애굽)이라 한다. 1953년에는 국명이 이집트 공화국이었다. 1958년에는 시리아 제2 공화국과 연합하여 아랍 연합 공화국으로 바뀌었다. 그러나 1971년 9월 2일에 나라 이름을 이집트 아랍 공화국으로 변경 확정했다. 1,010,408㎢ 면적에 2021년 기준으로 101,478,581명이 거주한다. 수도는 카이로다.

약칭 아랍어 국호는 Miṣr(미스르)다. 이집트 아랍어로는 Maṣr(마스르)라 한다. '대도시', '문명', '나라', '변경의 땅'의 뜻으로 설명한다. 이집트 아랍어의 공식 명칭은 Gomhoreyyet Maṣr el-ʻArabeyya(곰호레이예트 마스르 엘아라베이야)다. 영어 명칭 Egypt는 고대 그리스어 Αἴγυπτος(에귑토스)에서 유래됐다. 라틴어 Aegyptus(아이깁투스)를 거쳐 Egypt(이집트)가 되었다.

이집트의 국기는 빨간색, 하얀색, 검은색의 가로 줄무늬 3색기다. 1984년 10월 4일 채택했다. 국기 가운데에 이집트 국장 살라딘의 독수리가 그려져 있다. 빨간색은 이집트 순교자들의 희생과 피를, 하얀색은 평화와 밝은 미래를, 검은색은 점령의 암흑시대를, 독수리는 강함과 힘을 상징한다.그림 1

이집트는 건조 기후 지역이다. 나일강 유역 외의 국토 경관은 거의 사막이다. 이집트의 사막 지형은 사하라 사막과 리비아 사막의 일부로 구성되어 있다. 이들 사막은 '붉은 땅'으로 불려 왔다. '붉은 땅' 사막은 서쪽에서의 침공을 막아 고대 이집트 왕국을 보호했다. 이집트 인구는 나일강 계곡과 나일강 삼각주에 집중되어 있다. 카이로, 알렉산드리아, 나일강 삼각주에서 사람이 살 수 있기 때문이다.

이집트에는 10월과 3월 사이 겨울에 비가 온다. 강우량은 적다. 카이로 남부의 평균 강우량은 연중 2-5mm다. 북부 해안 지역은 410mm에 이르기도 한다. 여름 평균 기온은 27°-32°C다. 겨울은 13°-21°C다. 나일강(Nile River)의 발원지는 우간다·케냐·탄자니아에 걸쳐 있는 빅토리아호(湖)와 에티오피아 고원이다. 나일강은 북쪽으로 흘러 이집트를 거쳐 지중해로 유입된다. 나일강은 '큰 강'이란 뜻이다. 총길이는 6,650km다. 나일강은 주기적으로 범람해 홍수가 일어난다. 홍수는 나일강 유역을 비옥하게 해준다. 비옥한 토양에서 필요한 농작물을 수확할 수 있다. 이를 「나일강의 선물」이라 부른다.

오래된 역사

고대 이집트(BC 3000년 이전-BC 525)

① 선왕조 시대 ② 원왕조 시대(상 이집트·하 이집트)

③ 초기왕조 시대(BC 31세기-BC 2686)

④ 고왕국 시대(BC 2686-BC 2181)

⑤ 제1중간기(BC 2181-BC 2040)(7-11왕조 통일전)

⑥ 중왕국 시대(BC 2040-BC 1782)(11왕조 통일후, 12왕조)

⑦ 제2중간기(BC 1782-BC 1570)(13-17왕조)

⑧ 신왕국 시대(BC 1570-BC 1069)(18-20왕조)

⑨ 제3중간기(BC 1069-BC 525)(21-26왕조)

이집트에는 BC 1만 년 전부터 인류가 살기 시작했다. 나일, 황하, 갠지스와 인더스, 티그리스와 유프라테스 등 4대강 유역에는 일찍부터 문명이 형성됐다. BC 8000년경 사막화가 진행되어 물이 많은 나일강 유역으로 이주했다. BC 6000년경 나일강 계곡에 왕국이 설립됐다. 나일강 강물의 많고 적음에 따라 상 이집트와 하 이집트 두 개의 왕국이 생겼다. 나일강 상류의 상 이집트는 사막화로 쓸 만한 땅이 줄어 나일강변의 좁고 가느다란 지역만 남았다. 나일강 하류의 하 이집트는 카이로를 정점으로 부채꼴 모양의 비옥한 삼각주다. 하 이집트는 농경이 가능한 풍요로운 땅이다. 지중해와 연해 있어 육지와 바다를 통한 교역도 활발하다. 이러한 지리적 여건은 상 이집트와 하 이집트 주민의 생활양식을 상이하게 만들었다. BC 3150년경 상 이집트의 메네스 왕이 상·하 이집트를 통일해 이집트 왕국을 세웠다. 상 이집트

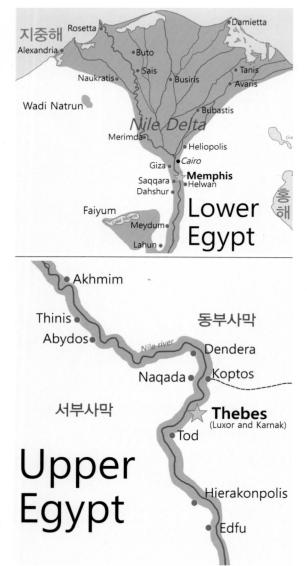

그림 2 고대 하 이집트 멤피스와 상 이집트 테베

와 하 이집트의 중간에 있는 멤피스(Memphis)를 수도로 정했다. 통일 왕조는 1년을 365일로 하는 역법(曆法)을 완성했다.그림 2

BC 2686-BC 2181년 기간 존속한 이집트 고왕국 시대인 제4왕조 기간에 기자에 있는 네크로폴리스에 피라미드가 지어졌다.

중왕국은 힉소스인에게 점령됐다. 이집트의 아흐모세 1세는 힉소스를 물리치고 신왕국 시대를 개창(開創)했다. 이 때를 이집트 제국이라고도 한다. 아흐모세는 '달이 태어난다'는 뜻이다. 하트셉수트 여왕, 투트모세 3세, 아케나텐 왕과 아내 네페르티티, 소년 왕 투탕카멘, 람세스 2세 등의 파라오가 활동했다. 신왕국은 리비아인, 누비아인, 아시리아인에게 점령당했다. 수도를 멤피스에서 테베(Thebes)로 옮겼다.

네페르티티는 "미인이 왔다"는 뜻이다. 그녀는 고상한 카리스마

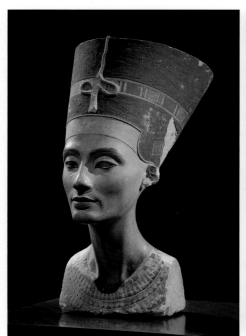

그림 3 **이집트 네페르티티의 흉상과 투탕카멘의 황금 가면**

의 표상으로, 황갈색 피부, 탄탄한 긴 목, 뚜렷한 이목구비를 갖췄다. BC 1370-BC 1330년 기간 활동했던 그녀는 18왕조 아케나텐의 왕비였고 투탕카멘의 이모였다. 1922년 「왕가의 계곡」에서 투탕카멘의 황금 가면이 발굴됐다. BC 1361-BC 1352년 기간 활동한 파라오 투탕카멘 시신의 얼굴 덮개다.그림 3 19왕조 람세스(Ramesses) 2세(BC 1303-BC 1213)는 BC 1244년에 아부 심벨(Abu Simbel) 사원을 건립했다. 21m 높이다. 아부 심벨은 사원 탐험가 부르크하르트를 안내한 이집트 소년 이름이라 한다. 사원은 아스완에서 남서쪽으로 270km 떨어진 나세르 호수 서쪽 제방에 있다. 1967년 아스완 댐 축조로 침수를 염려하여 이전했다. 람세스는 '조화와 균형의 수호자, 강한 권리, 태양신 Ra가 선택한 사람'이란 뜻이다. 1979년 「누비아 유적-아부 심벨에서 필레까지」 명칭으로 유네스코 세계유산에 등재되었다.그림 4

그림 4 **이집트 아부 심벨 대사원의 정면**

말기왕조 / 그리스 / 로마 시대(BC 525-641)

① 말기왕조 시대(BC 525-BC 332)

② 이집트 제27왕조(페르시아 아케메네스 제국의 1차 점령기)

③ 이집트 제28왕조 제29왕조 제30왕조

④ 이집트 제31왕조(아케메네스 제국의 2차 점령기)

⑤ 헬레니즘 제국(BC 332-BC 305)(알렉산더 대왕의 정복)

⑥ 그리스계 프톨레마이오스 왕조(BC 305-BC 30)(이집트 제32왕조)

⑦ 로마 제국령 속주 이집트(BC 30-641)(아이깁투스)

BC 525-BC 332년 기간에 페르시아 아케메네스 제국이 이집트를 지배했다. BC 332년 알렉산더 대왕이 등장하여 페르시아를 멸망시켰다. 그의 부관인 마케도니아 출신 프톨레마이오스 장군이 이집트를 물려 받아 프톨레마이오스 왕조를 개창했다. 이 기간은 명목상 이집트 제32왕조라 했다. 헬레니즘 문화가 도입되었다. 알렉산더 대왕의 이름을 따서 BC 331년 알렉산드리아(Alexandria)를 세우고 수도로 정했다.그림 5 클레

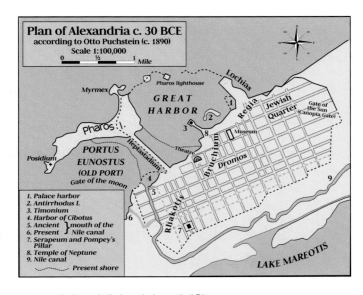

그림 5 **이집트 알렉산드리아 도시계획 BC 30**

오파트라 여왕이 왕조 최후의 통치자였다. 그녀의 연인 안토니우스가 로마 제국의 패권을 놓고 싸우다가 전사했다. 그녀는 자살했다.

BC 30년 로마의 아우구스투스가 이집트를 점령했다. 이집트는 로마 황제의 속주 아이깁투스가 되었다. 아이깁투스는 도시 이름이었으나, 이집트 전체를 나타내는 말로 바뀌었다. 이집트는 밀 산지로 로마 제국에게 중요한 지역이었다. 속주 관료는 대부분 그리스인이었다. 공용어도 그리스어였다. 생활 양식도 그리스풍(風)이었다. 로마는 이집트인의 종교와 관습을 그대로 인정했다. 로마 제국령 속주 아이깁투스는 641년까지 존속했다.

이슬람 시대(641-1798)

① 라쉬둔 칼리파국(641-661) ② 우마이야 칼리파국(661-750)

③ 아바스 칼리파국(750-1258) ④ 파티마 칼리파국(909-1171)

⑤ 아이유브 술탄국(1171-1250)

⑥ 맘루크 술탄국(1250-1517) 카이로 아바스 왕조(1261-1517)

⑦ 오스만 제국(1517-1798)

칼리파(caliphate)는 무함마드의 정통성을 이어받은 정치 지도자를 일컫는다. 칼리파국은 칼리파가 이끄는 제정일치 국가를 말한다. 칼리파조는 칼리파가 다스리는 시기를 가리킨다. 술탄은 이슬람 세계에서 세습 군주제로 다스리는 국가를 의미한다. 군주나 왕족을 지칭하는 칭호이기도 하다. 술탄은 '권위, 권력'이란 뜻이다. 칼리파조와 술탄을 왕조라고도 표현한다.

641년 11월 8일 알렉산드리아가 이슬람 지휘관 아므르 이븐 알 아스에게 넘어갔다. 이슬람은 카이로 남부에 푸스타트라는 정착지를 건설했다.그림 6

그림 6 **이집트의 푸스타트 유적**

　우마르 이븐 알카타브는 이슬람교의 제2대 정통 칼리파다. 초대 정통 칼리
파 아부 바크르의 뒤를 이었다. 그는 동로마 제국, 시리아, 팔레스타인, 이집
트를 정복했다. 그는 642년 사산 왕조 페르시아를 멸망시켰다. 이슬람 경전
『꾸란』을 편집했다. 「622년 헤지라의 해」를 이슬람 기원 원년으로 정했다.

　661-750년 기간에 우마이야 칼리파국이 아랍 제국을 통치했다. 첫 번째
이슬람 세습 칼리파국이다. 중앙아시아, 북아프리카, 이베리아 반도를 다
스렸다. 이슬람교로 개종한 비아랍인에게 중과세를 부과해 반란이 많았다.

　750년 아바스 칼리파국이 우마이야 칼리파국을 누르고 건국되었다. 아
바스라는 이름은 무함마드의 숙부인 「알아바스」의 이름에서 유래했다. 아
바스 칼리파국은 1258년 몽골족에게 멸망되었다. 아바스 왕조는 여러 민족

과 문화를 융합하는 폭넓은 이슬람 문화를 구축했다. 아랍어를 사용하고 이슬람교를 믿는 사람을 아랍인이라고 규정했다. 이러한 패러다임은 문화적 아랍화 물결로 이어졌다. 이라크, 시리아, 이집트를 위시한 북아프리카 전역이 오늘날의 아랍권을 형성하는 계기를 만들었다. 아바스 칼리파국의 수도는 750년에 쿠파였다가, 762-1258년 기간에 이라크 바그다드로 옮겼다.

아바스 칼리파국에서 독립하여 파티마 칼리파국이 들어섰다. 파티마 칼리파국은 이슬람 시아파의 분파인 이스마일파다. 909-1171년 기간에 이집트, 북아프리카, 레반트를 통치했다. 파티마 군주 칼리프는 이슬람의 시조 무함마드의 딸 「파티마」의 후손이라고 하여 왕조 이름을 파티마라 정했다. 969년 파티마 칼리파국은 알 카히라(Al-Qahirah)를 건설해 수도로 정했다. 973년에 알 카히라는 도시 명칭이 카이로(Cairo)로 바뀌었다.

아이유브 술탄국(1171-1250)이 수립되어 이집트, 시리아, 이라크 등을 다스렸다. 쿠르드족 무슬림 장군 살라흐 앗 딘이 아이유브 술탄국을 세웠다. 약칭으로 살라딘(Saladin)이라 부른다. 본명은 유수프(Yousuf)다. '정의와 신념'이란 뜻이다. 「아이유브」 명칭은 나짐 앗 딘 아이유브에서 유래했다. 그는 살라흐 앗 딘의 아버지다. 아이유브는 성경에 등장하는 인물 '욥'을 뜻하는 아랍어다. 살라흐 앗 딘의 아이유브 술탄국은 이슬람의 분열을 끝내고 통일했다. 1250년 살라딘의 손자 살라흐가 죽은 후 그의 아내 샤자르 알두르가 맘루크 총사령관 아이박과 재혼했다. 맘루크 술탄국이 시작됐다.

1250-1517년 기간에 맘루크 술탄국은 이집트와 시리아 일대를 통치했다. 맘루크는 '노예'라는 뜻의 아랍어다. 맘루크 5대 술탄 바이바르스는 아바스 칼리파국의 마지막 칼리파 친척을 칼리파로 추대했다. 이를 계기로 1261년부터 카이로의 아바스 왕조가 열렸다. 맘루크는 노예 신분이었다. 칼리파는

노예를 해방시켜 주는 권리를 가졌다. 이에 아바스 칼리파는 맘루크 술탄국의 술탄을 책봉하는 역할을 해주었다. 맘루크 술탄국은 사치가 지나쳤고, 흑사병이 돌았으며, 지리적으로 교역 중심이 이베리아 반도로 넘어가면서 몰락했다. 카이로 아바스 왕조(1261-1517)는 1517년 맘루크 술탄국과 함께 멸망했다. 수도는 카이로였다.

1517년 오스만 제국이 이집트를 정복했다. 이집트는 1867년까지 오스만 제국의 영향권 아래 놓이게 되었다. 이집트는 1587-1731년 기간 동안 6차의 기근과 1784년의 대기근으로 큰 고통을 겪었다.

근대 이집트(1798-1952)

① 나폴레옹의 원정 ② 무함마드 알리 왕조(1805-1952)

1798년 프랑스 나폴레옹이 이집트로 원정해 왔다. 프랑스는 1798-1801년 기간 이집트를 다스렸다. 프랑스는 영국에 패했다. 이집트는 오스만 제국, 이집트계 맘루크 계급, 오스만 제국계 알바니아인들의 각축장으로 바뀌었다.

오스만 제국의 알바니아계 군장교 무함마드 알리가 등장했다. 1805년 오스만 제국으로부터 이집트 태수의 지위를 얻어 내고 무함마드 알리 왕조를 세웠다. 무함마드 알리 왕조는 1805-1952년 기간에 존속했다. 무함마드 알리는 맘루크 계급을 물리쳤다. 그는 농업 관개 시설을 구축하고, 공업을 장려했으며, 군대를 개혁하는 등의 이집트 근대화를 단행했다. 1820년대에 이르러 면화 산업을 키웠다. 1867년 알리 왕조는 오스만 제국의 자치 봉신국인 케디브(Khedive, 헤디위) 지위를 얻었다. 케디브는 오스만 제국의 속주인 이집트 통치자에게 하사한 칭호다.

그림 7 **이집트 수에즈 운하의 위치와 항공 사진**

1869년 프랑스와의 합작으로 수에즈 운하를 건설했다. 수에즈 운하는 지중해와 홍해를 잇는 운하다. 프랑스인 레셉스가 공헌했다. 런던-케이프 타운-싱가포르 항로 24,500km가 15,027km로, 런던-케이프 타운-봄베이 경로 21,400km가 11,372km로 줄었다. 1875년 이집트는 수에즈 지분을 영국에게 매각했다. 2015년에 「신수에즈 운하」라 명명하여 새로운 수에즈 운하가 추가 건설됐다.그림 7

영국은 「수에즈 운하를 보호해야 한다」며 이집트에 진출했다. 1882-1922년 기간에 이집트는 영국의 보호령이 되었다. 이집트는 1882-1914년의 기간은 이집트 케디브국으로, 1914-1922년 사이는 이집트 술탄국으로 존립했다. 1919년 대규모 반영 운동인 이집트 혁명이 일어났다. 1922년 영국으로부터 독립하여 이집트 왕국이 되었다. 이집트 왕국은 1952년까지 존속했다.

현대 이집트(1952-현재)

① 쿠데타(1952.7.22.) ② 이집트 공화국(1953-1958)
③ 아랍 연합 공화국(1958-1971) ④ 이집트 아랍 공화국(1971-현재)

1952년 7월 22일 자유 장교단의 가말 압델 나세르가 쿠데타를 일으켜 왕정을 종식시켰다. 그는 1953년 6월 18일 공화국을 선포했다. 나세르는 석유를 무기화했다. 1956년 6월 13일 수에즈 운하를 국유화했다. 수에즈 운하 수입으로 1960-1970년 기간에 나일 강을 막아 아스완 댐을 만들었다. 1958년에 이집트와 시리아가 합쳐 아랍 연합 공화국을 창립했으나, 1961년 시리아가 탈퇴했다. 그는 토지 개혁과 분배 정책, 대학생 정원 확충과 교육의 질 향상, 저소득층의 일자리 창출 등의 개혁을 단행했다. 1970년 나세르 대통령은 심장마비로 타계했다.

사다트가 등장하여 친 서방 정책을 펴며 경제 자유화의 길을 열었다. 관광업, 건설업이 활성화됐다. 1981년 사다트는 암살됐다. 무바라크가 뒤를 이었다. 경제가 악화되었다. 이촌향도에 의한 대도시 집중이 가속화되었다. 2011년 무바라크가 사임했다. 2012년 무슬림 형제단의 지원을 받아 무르시가 대통령에 선출됐다. 이슬람 근본주의에 대한 반발이 터졌다. 카이로 타흐리르 광장은 민주화의 열기로 가득 찼다. 2013년 7월 3일 쿠데타가 일어났다. 2014년 엘 시시가 대통령에 취임했다. 그는 국방장관이었고 육군 원수였다.

이집트는 유엔, 아랍연맹, 아프리카 연합, 이슬람 협력기구의 창립 회원국이다.

생활 양식

이집트의 공식 언어는 현대 표준 아랍어다. 현대 표준 아랍어는 문어체 아랍어로 이슬람 문화권의 3억 명이 사용한다. 꾸란 표기를 원칙으로 한다. 푸스하(fuṣḥā)로 설명하기도 한다. 푸스하는 이슬람교의 경전인 모세 오경, 시편, 복음서와 꾸란, 고전 아랍어, 그리고 현대 표준 아랍어를 묶은 개념이라고 설명한다.

『꾸란』은 쿠란, 쿠르안, 코란으로도 표기한다. 꾸란은 '읽기'라는 뜻이다. 무함마드가 알라에게 받은 메시지는 구전으로 전해왔다. 이런 구전을 무함마드의 제자들이 여러 시대에 걸쳐 기록하고 집대성한 책이 『꾸란』이다. 무함마드는 40세경 사우디아라비아의 히라산 동굴에서 천사 지브릴(가브리엘)에게서 처음 메시지를 받았다. 제1대 칼리프 아부 바크르는 『꾸란』을 한 권으로 집대성해 보관했다. 기재 방법은 꾸라이쉬 부족 언어로 통일했다. 암송자인 하피즈는 정통본과 함께 각지로 가서 이슬람을 전파했다. 이 정통본이 『꾸란』의 정본(定本)이다. 「이맘본」 또는 「우스만본」이라고도 한다.

이집트의 인종 구성은 2006년 기준으로 이집트인이 99.6%다. 이집트인은 이슬람 전래 이후 아랍화되어 아랍인의 정체성을 지니게 되었다. 이집트인이 아라비아 아랍인과 혼혈하고 아랍문화에 동화한 결과다. 소수 민족은 아랍계 유목민인 베두인족, 이집트 남단의 누비아인, 이집트 서쪽의 시와인 등이다.

이집트의 종교는 BC 3100년의 고대 이집트 신화부터 시작됐다. 로마 제국이 이집트를 정복한 이후 1세기경 유대 지방에서 기독교가 전파됐다. 392년 기독교가 로마 제국의 국교가 되었다. 대다수의 이집트인들은 기독교를 믿게 되었다. 신약성서가 이집트어로 번역되었다. 451년의 칼케돈 공의회 이후 이집트 콥트 교회가 설립되었다. 콥트(Copts)는 '이집트 기독교인'을 뜻한다. 641년 아랍계 무슬림들이 비잔티움 군대를 꺾었다. 이슬람교가 들어왔다. 7세기 이후 오랜 세월 동안 이집트는 이슬람화되었다.

이집트는 1980년 이슬람교를 국교로 정했다. 2019년 기준으로 이슬람교 90.3%, 기독교 9.6%, 기타 종교 0.1%다. 이집트 무슬림의 대다수는 수니파다. 이집트의 무슬림과 기독교는 역사, 문화, 언어, 정체성 등을 공유한다.

이집트에는 두 개의 주요 종교 기관이 있다. 카이로의 알 아즈하르 모스크와 알렉산드리아의 콥트 정교회다. 알 아즈하르 모스크는 972년 파티마 왕조 때 봉헌된 이슬람 사원이다. 아즈하르는 '훌륭한, 찬란한'이란 뜻이다. 이슬람 신학과 이슬람법 연구 기관이다. 1952년 국유화된 이후 1961년 독립적인 알 아즈하르 대학교로 바뀌었다.그림 8

그림 8 **이집트의 알 아즈하르 모스크, 안뜰, 맘루크 첨탑**

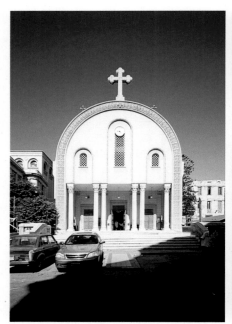

그림 9 **이집트 알렉산드리아의 세인트 마크 콥트 정교회 대성당**

알렉산드리아 콥트 정교회의 공식 명칭은 알렉산드리아 세인트 마크 콥트 정교회 대성당이다. 42년 복음 사가 마크가 건립한 교회이다.그림 9 콥트 정교회는 451년 그리스도론에 대한 입장차이로 칼케돈파 기독교 교회와 갈라섰다. 칼케돈파 기독교 교회는 또다시 로마 가톨릭교회와 동방 정교회로 분열됐다. 1968년 콥트 정교회 대주교좌가 알렉산드리아에서 카이로로 옮겨졌다.그림 10

이집트 경제는 농업, 석탄, 원유, 천연가스, 관광, 인프라, 통신 등에 집중되어 있다. 리비아, 사우디아라비아, 유럽 등에서 300만 명 이상의 이집트인이 일하고 있다. 시나이반도에서 석탄이 채굴되고, 서부 사막 지대에서 석유와 천연가스가 생산된다. 통신과 IT 분야의 다국적 기업이 활동 중이다. 빈부 격차가 심하다. 2022년 1인당 GDP는 4,162달러다. 노벨상 수상자가 4명 있다.

그림 10 **이집트 카이로의 세인트 마크 콥트 정교회 대성당**

그림 11 **이집트 수도 카이로**

02 수도 카이로

카이로(Cairo)는 이집트의 수도다. 2021년 기준으로 3,085.12㎢ 면적에 10,025,657명이 거주한다. 카이로에는 나일강이 흐른다.그림 11 카이로 나일강변을 따라 현대식 사무실과 아파트가 들어섰다. 이들 사무실에는 국제자본의 아프리카 지사가 들어와 있다. 카이로의 도시경관은 대체로 누렇다.그림 12 태양이 뜨거운 카이로 나일강의 낙조는 일품이다. 카이로 대도시권 인구는 21,323,000명이다. 카이로 대도시권은 이집트 최대 인구 밀집 지역이다. 카이로에 국제 언론, 기업의 아프리카 지역 본부가 있다. 아랍연맹이 있다.

교통수단은 버스·택시·전차·마을버스·우마차·지하철·낙타 운송이 있다. 알렉산드리아를 비롯한 주변 지역은 철도와 국도로 연결된다. 카이로-

그림 12 **이집트 수도 카이로의 도시 경관과 주거 지역**

그림 13 **이집트 카이로의 람세스역**

이스마일리아 운하 등 나일강과 삼각주 지대는 수운으로 연계된다. 교통 체증과 환경 오염이 심하다. 1987년에 개통된 지하철은 총 길이가 89.4km다. 3개 라인 74개 역이 있다. 연간 10억 명이 이용한다. 1955년에 나세르는 람세스역 앞 광장에 람세스 2세 동상을 세웠다. 람세스역은 1856년 카이로와 알렉산드리아를 잇는 철도 노선의 종착역으로 건설됐다. 현재의 역사는 1892년에 새로 지었고 1955년에 개축됐다. 2006년 람세스 2세 동상은 기자 지역으로 옮겨졌다.그림 13

비가 적은 건조 기후로 사막에서 향수 원료인 화초 재배가 성하다. 향수 원료 화초는 서구 유명 백화점에서 밭떼기로 입도선매한다. 카이로 향수 점포에서는 향수 원액이 판매된다.

카이로는 아랍 영화와 음악 산업 활동이 활발하다. 영화 산업은 1896년부터 시작됐다. 카이로는 「중동의 할리우드」로 불린다. 아랍인들은 카이로에

그림 14 **이집트 카이로의 영화 광고**

서 제작되는 영화를 보기 위해 카이로 아랍어를 배우기도 한다.그림 14 결혼
풍습에서 춤 파티가 이뤄진다. 오랜 시간 춤을 추면서 하객들이 어울린다.
신체의 각 부위가 따로따로 움직이는 벨리 춤을 추기도 한다.

　고대 카이로(Old Cairo)는 카이로의 역사 지구다. 로마 시대의 요새와 이슬
람 시대의 정착지가 있다. BC 6세기부터 고대 카이로에 콥트 카이로(Cop-
tic Cairo)가 조성됐다. 콥트 카이로에는 3세기에 세운 교수형 교회(Hanging
Church), 그리스 정교회 성 조지 교회, 수녀원, 콥트 박물관 등 오래된 기독교
건물이 있다. 285-305년 기간에 로마 제국은 콥트 카이로에 바빌론 요새를
건설했다.그림 15 나일강 동쪽 기슭에 있는 헬리오폴리스 놈 지역이다. 이곳

그림 15 **이집트 카이로 바빌론 요새의 원형 로마 탑**

은 하 이집트와 중 이집트 사이의 경계에 있었다. 나일강을 운행하던 선박이 통행료를 내던 곳이다.

헬리오폴리스 놈(Heliopolite Nome)은 프톨레마이오스 왕조 때의 이집트 속주를 의미한다. 수도는 헬리오폴리스(Heliopolis)다. 헬리오폴리스는 '태양의 도시'라는 뜻이다. 현재는 카이로 북동쪽 교외 지역인 아인 샴스(Ayn Shams)지역이다. 중왕국 시대 12왕조 때 라 아툼 신전에 세운 알 마살라(Al-Masalla) 오벨리스크가 있다. 붉은 화강암으로 만들었고, 높이 21m, 무게 120톤이다. 세계에서 가장 오래된 오벨리스크라 한다.

641-642년 사이에 라쉬둔 사령관 아므르 이븐 알 아스가 바빌론 요새 옆에 푸스타트(Fustat)를 건설했다. 푸스타트는 '텐트(tent)'라는 뜻이다. 푸스타트는 641년 이후 이집트의 이슬람 수도였다. 12세기에는 인구 규모가

그림 16 **이집트의 아므르 이븐 알 아스 모스크**

200,000명이었다. 641-642년 기간 푸스타트에 아므르 이븐 알 아스 모스크가 세워졌다. 이집트 최초의 모스크다.그림 16 푸스타트는 1168-1169년 십자군 전쟁때 파괴됐다.

870년 푸스타트 북동쪽에 새로운 수도 알 카타이(al-Qatta'i)가 세워졌다. 알 카타이는 '할당'이라는 뜻이다. 당시 지도자 아마드 이븐 툴룬은 876-879년 기간에 이븐 툴룬 모스크를 지었다.그림 17

969년 파티마 왕조 무이즈 칼리프가 푸스타트 북동쪽에 알 카히라(Al-Qahirah)를 세워 수도로 정했다. 알 카히라의 도시 영역은 알 푸스타트, 알 카타이, 알 아스카의 초기 도시가 포함되었다. 972년 알 하즈하라 모스크가 세워졌다. 973년에 알 카히라의 도시 명칭은 카이로(Cairo)로 바뀌었다. 알 카히라와 카이로는 '승리자(The Victorious)'를 뜻한다.

그림 17 **이집트 카이로의 이븐 툴룬 모스크**

　　1171년 아이유브 왕조의 살라딘은 왕궁 도시였던 카이로를 일반 시민에게 개방했다. 직사각형 모양의 성벽 도시 카이로는 여러 지구(하라)로 나뉘었다. 하라에는 모스크와 시장(수크), 공중목욕탕(하맘) 등의 생활 공간이 들어섰다. 1176-1183년 기간에 살라딘은 카이로 중심부 모카담 언덕에 카이로 성채(Cairo Citadel)를 지었다. 살라딘 성채라고도 한다. 카이로를 십자군으로부터 보호하기 위해 요새로 구축했다. 1183-1184년에 성벽을 축조했다. 성벽은 1238년 살라딘이 타계한 후에도 계속 지었다. 살라딘은 소용돌이 치는 요셉의 우물을 만들어 관개 시설로 활용했다. 우물에서 샘이 솟으면 물이 상수도를 따라 성채 곳곳에 공급된다고 한다. 이곳은 1176-19세기 동안 이집트

그림 18 **이집트 카이로의 살라딘 성채와 입구**

정부 소재지이며 통치자들의 거주지였다. 1805-1848년 기간에 무함마드 알리 파샤가 리모델링했다.그림 18

맘루크 왕조 때 카이로는 크게 성장했다. 1517년 오스만 제국이 이집트를 정복했다. 이집트는 1867년까지 오스만 제국의 속주였다. 1798-1801년 기간에는 나폴레옹이 이집트에 원정해 왔다.

카이로는 나일강 오른쪽에서 출발했다. 카이로 구시가지에 알 아즈하르 모스크가 있다. 알 아즈하르 인근에는 살라딘이 세운 카이로 성채와 무함마드 알리 모스크 등 많은 모스크가 있다. 수많은 이슬람 모스크 건축이 많아 「천 개의 첨탑이 있는 도시」라고 불렸다. 일정한 주민이 모여 사는 곳에는 어김없이 회교 모스크가 있다. 카이로의 역사지구는 1979년 유네스코 세계유산으로 등재되었다.

1805년 무함마드 알리 왕조가 들어서면서 카이로는 근대 도시로 탈바꿈했다. 살라딘 성채 안에 무함마드 알리 모스크가 있다. 무함마드 알리 모스크는 1830-1848년 기간에 무함마드 알리의 요청에 의해 세워졌다. 무함마드 알리의 아들 사이드 파샤 시대인 1857년에 완공했다. 내부는 등, 샹들리에, 스테인드 글라스로 채워져 있다. 안뜰에는 1836-1840년 기간에 프랑스에서 받은 기념탑 시계가 있다. 무함마드 알리가 프랑스에 룩소르 오벨리스크를 선물하고 받은 답례품이다. 룩소르 오벨리스크는 파리 콩코드 광장에 있다. 1857년 무함마드 알리 파샤의 무덤이 무함마드 알리 모스크에 안장됐다.그림 19, 20

그림 19 이집트 카이로의 살라딘 성채와 무함마드 알리 모스크

그림 20 **이집트 카이로 무함마드 알리 모스크의 외부와 내부**

타흐리르 광장(Mīdān at-Taḥrīr, 영어 Liberation Square)은 「순교자 광장」으로도 알려져 있다. 타흐리르는 '해방'이란 뜻이다. 카이로의 주요 공공 광장이다. 광장은 원래 19세기 통치자의 이름을 따서 이스마일리아 광장(Ismailia Square)이라 했다. 이 명칭은 1952년까지 공식 이름으로 유지됐다. 1981년 10월 13일 사다트 대통령 암살 1주일 후 「안와르 엘 사다트 광장」으로 이름이 바뀌었다. 그러나 1919년 이집트 혁명 이후 이 광장은 타흐리르 광장으로 더 많이 알려졌다. 타흐리르 광장의 중심에는 원형 교차로가 있다. 2020년에 람세스 2세의 오벨리스크가 설치됐다. 북동쪽에는 나폴레옹의 이집트 원정에 맞서 싸운 민족 영웅 우마르 마크람 동상이 있다. 타흐리르 광장은 2011년 이집트 혁명의 중심지였다.그림 21, 22

그림 21 **이집트 카이로의 타흐리르 광장**

그림 22 **이집트 카이로의 타흐리르 광장 2011년 2월 9일**

파티마 왕조 때 조성된 카사바 뮤즈 거리에는 이집트 전통 시장 바자르(ba-zaar)가 성업 중이다. 카이로에 있는 칸 엘 칼릴리는 500년 된 전통 시장이다. 칸 엘 칼릴리는 원주민 이름이다. 맘루크 시대에 무역 중심지로 설립됐다. 이집트 장인의 고향이다. 전통 기념품과 공예품을 판매한다. 칸 엘 칼릴리는 단일 건물을 지칭했으나 오늘날에는 전체 쇼핑 지구를 의미하게 되었다.그림 23

이집트 박물관(Egyptian Museum)은 카이로 박물관이라고도 한다. 1901년에 지었다. 고대 이집트 유물을 소장하고 있다. 120,000개의 품목이 있다.그림 24

카이로대학교는 1908년에 설립됐다. 1908-1940년까지는 이집트대학교로, 1940-1952년까지는 푸아드대학교로, 1952년 이후는 카이로대학교의 이름으로 바뀌어 왔다. 1929년 기자에 메인 캠퍼스가 입지했다. 20개 학부와 3개 기관에 231,584명이 재학하고 있다. 졸업생 중 3명의 노벨상 수상자가 나왔다.

그림 23 **이집트 카이로의 칸 엘 칼릴리 전통 시장**

그림 24 **이집트 카이로의 이집트 박물관**

그림 25 **이집트의 알 갈라 다리와 카이로 타워**

카이로 타워는 1956-1961년 기간에 지어졌다. 콘크리트 타워로 높이가 187m다. 나일강의 게지라섬에 있다. 격자 디자인은 고대 이집트 파라오의 연꽃을 연상시킨다. 원형 전망대와 회전 레스토랑이 있다. 카이로 알 갈라 다리와 연계된다.그림 25

「10월 6일 다리」는 카이로 중앙의 동서 고가 도로다. 총길이가 20.5km 다. 다리는 서쪽 교외(郊外)로부터 동쪽의 게지라 섬을 거쳐 카이로 시내까지 나일강을 두 번 건너 동쪽의 카이로 국제공항에 이른다. 1969-1996년 기간 에 건설됐다. 1973년 10월 6일부터 10월 25일까지 제4차 중동 전쟁이 벌어 졌다. 다리 이름은 전쟁 발발일인 10월 6일에서 따왔다. 매일 50만 명 이상 이 이용한다. 자동차와 트럭으로 항상 붐빈다.

게지라섬은 카이로 중부 나일강에 있는 섬이다. 섬의 남쪽은 게지라 지구이 고 북쪽의 상당 부분은 자말렉 지구다. 게지라섬은 카이로 시내와 타흐리르 광

그림 26 **이집트 카이로의 알 아자르 공원**

장의 서쪽에 있다. 1931년에 건축한 카스르 엘 닐 다리, 5월 15일 다리, 알 갈라
다리, 10월 6일 다리 등의 다리로 카이로의 동쪽과 서쪽이 연결된다. 게지라섬
은 19세기에 전 세계의 식물을 수집해서 모았던 곳이라 '식물원'이라 불렀다.

　카이로 오페라 하우스는 카이로 국립 문화 센터의 일부 문화 시설이다. 게
지라 섬 자말렉 지구에 있다. 1988년 개관했다. 1,200명이 관람할 수 있다.
카이로 오페라 콤플렉스는 7개의 극장, 음악 도서관, 미술관, 박물관으로 구
성되어 있다.

　2005년 카이로에 알 아자르 공원이 조성됐다. 30ha 면적이다. 세계 60대 공
공 공원 중 하나로 선정됐다. 공원 주변에 있던 12세기의 아이유비드 성벽이
복원되었다. 공원이 들어서면서 인근의 낙후한 지역들이 활성화됐다.그림 26

그림 27 **이집트의 뉴카이로**

마아디(Maadi)는 영국 보호령 때 조성된 신도시다. 1905년 캐나다인 아담스가 계획한 신도시다. 마아디는 '페리'라는 뜻이다. 카이로에서 남쪽으로 12km 떨어진 나일강 동쪽 제방에 있다. 2016년 기준으로 97,000명이 거주한다. 대사관, 국제 학교, 스포츠 클럽, 헌법 재판소 등이 있다. 저층 건물과 아파트가 많다. 부유한 이집트인과 외국인이 다수 거주한다. 카이로보다 푸르고 조용하며 편안한 곳이다. 고급 레스토랑, 아웃렛, 쇼핑점, 의류 매장이 9번 도로인 나스르 거리에 있다. 카이로 지하철 1호선이 운행된다.

뉴카이로(New Cairo)는 카이로 남동쪽에 있는 신도시다. 마아디에서 25km 떨어져 있다. 30,000ha 면적에 498,343명이 산다. 카이로 도심의 혼잡을 완화하기 위해 2000년부터 세우기 시작한 신도시다. 해발 250-307m에 조성했다. 많은 공업 시설과 국내외 대학이 들어섰다. 정부 기관 등을 옮겨 5백만명을 수용하도록 계획했다.그림 27

그림 28 **이집트 광역 카이로의 기자시**

　　광역 카이로(Greater Cairo Area)는 카이로, 기자, 알 칼류비야 3개 주를 주축으로 구성된 카이로 광역 도시권이다. 광역 카이로는 2012년 기준으로 1,709㎢ 면적에 20,901,000명이 산다. 광역 카이로의 중심 도시는 카이로다. 위성도시는 기자, 10월 6일, 셰이크 자이드, 슈브라 엘 키마, 오부르다. 기자(Giza)는 1,579.75㎢ 면적에 2021년 기준으로 9,200,000명이 산다. 카이로 중심에서 남서쪽으로 4.9km 떨어져 있다. 피라미드와 고대 왕국의 유물이 많다. 기자 주의 주도 기자시는 새로운 도시로 탈바꿈하고 있다.그림 28 알 칼류비야 주는 카이로 북쪽에 있다. 중심 도시는 반하다.

　　고대 이집트에서는 태양신을 섬겼다. 왕은 '태양신의 아들'이라는 뜻의 파라오라고 칭했다. 파라오는 사람인 동시에 신이었다. 왕은 태양신의 아들임

을 자처하며 태양신을 위
한 신전이 건축했다. 죽은
사람을 위해서는 피라미드
를 세웠다.

카이로 남서쪽 15km 떨
어진 기자부터 다쉬르까
지의 네크로폴리스에는 3
대 피라미드와 스핑크스가
있다. 쿠푸(Khufu, BC 2589-BC
2566)왕의 제1피라미드, 카
프레(Khafre, BC 2558-BC 2532)
왕의 제2피라미드, 멘카우
레(Menkaure, BC 2532-BC 2504)
왕의 제3피라미드가 있다.
쿠푸왕의 피라미드는 「대
피라미드」라 불린다. 피
라미드 밑단의 한 변 길이
는 230m다. 피라미드 높
이는 146m다. 기자 부근
부터 950km 떨어진 아스
완까지 약 230만개의 돌이
사용됐다고 한다. 피라미

그림 29 **이집트 카이로 기자의 피라미드와 보조 피라미드**

그림 30 **이집트 카이로 기자의 피라미드와 스핑크스**

드의 사각뿔 밑단 모서리는 동서남북을 가리킨다. 스핑크스가 피라미드를
지키게 했다.그림 29, 30

그림 31 **파피루스에 기록된 이집트 『사자의 서』의 한 부분**

　　고대 이집트인은 몸이 죽어도 영혼은 산다고 믿었다. 시신을 미라로 만들었다. 죽은 사람의 사후세계를 안내한 책 『사자(死者)의 서(書)』가 함께 묻혔다. 파피루스나 가죽에 썼다. 죽은 사람을 위한 기도문과 신에 대한 서약 등이 담겨 있다. 고대 이집트인의 사상과 풍속, 사회현상, 역사, 생활양식을 알려준다.그림 31 1979년에 「멤피스와 네크로폴리스: 기자에서 다쉬르까지의 피라미드지역」이 유네스코 세계유산에 등재되었다.

　　피라미드는 카이로 시민의 가족 단위 나들이 장소다. 어머니의 손을 잡고 즐거운 마음으로 피라미드 구경에 나서는 아이들을 만나게 된다. 나들이 시민들을 겨냥해 외국의 음식 문화가 들어와 피라미드 주변 지역에 개설되어 있다.그림 32

그림 32 **이집트 카이로 기자의 피라미드 가족 나들이**

그림 33 **이집트 멤피스 사카라의 계단식 피라미드**

03 지역 도시

멤피스

카이로의 남쪽 20km 나일강 서쪽에 멤피스의 유적이 있다. 파리오 메네스에 의해 창건되었다. 멤피스는 '두 땅의 삶'이라는 뜻이다.

멤피스는 하 이집트 이네브 헤지주(州)의 수도였다. 이네브 헤지는 '흰 담'이란 뜻이다. BC 2200년까지 이집트 고왕국 시대의 수도였다. 중왕국 시대 멤피스는 여전히 상업과 예술의 중심지로 남았다. 신왕국 시대에는 왕족과 귀족 자제의 교육 중심지였다. 신왕국 시대 이곳은 「멘네페르」라 했다. 콥트어로는 「멘페」였다. 멤피스는 「멘페」의 그리스어 변형이다.

멤피스 북서쪽 사카라에 계단식 피라미드가 있다. BC 2660년 임호텝(Imhotep)이 제3왕조 시대의 파라오 조제르 왕을 매장하기 위해 건립했다. 직사각형의 석조 건축물이다.그림 33

고대 멤피스에서 프타(Ptah) 사원은 중요한 신전이었다. 도시 중심부의 넓은 구역에 자리 잡았다. 멤피스의 프타 사원, 헬리오폴리스의 라 사원, 테베의 아문 사원은 고대 이집트의 3대 사원이었다. 멤피스의 붉은 화강암 스핑크스는 1912년 프타 유적 가운데에서 발굴되었다. 18왕조 기간에 건립된 것으로 추정했다. 얼굴 특징으로 보아 하트셉수트, 아멘호테프 2세, 아멘호테프 3세 가운데 한 명이라고 해석했다. 멤피스에는 람세스 2세의 석상과 돌에

그림 34 **이집트 멤피스의 스핑크스, 람세스 2세 석상, 신성문자 유적**

새긴 상형 문자인 신성 문자(神聖文字, Hieroglyph) 유적이 있다.그림 34

테베 룩소르

테베(Thebes)는 고대에는 와셋(Waset)이라 했던 이집트 도시다. 카이로 남쪽 675km에 있다. 중왕국과 신왕국 시대의 수도였다.

　테베는 현대 도시 룩소르(Luxor) 시내에 있다. 룩소르는 '성, 궁전'이란 뜻이다. 룩소르는 416㎢ 면적에 2021년 기준으로 422,407명이 산다. 룩소르 대도시권 인구는 1,328,429명이다. 1946년에 문을 연 룩소르 국제 공항이 있어 관광객이 활용한다. 사탕수수 농사와 관광업이 활성화되어 있다.

그림 35 **이집트 룩소르 카르나크의 아문레 사원과 신성한 호수**

　룩소르에 카르나크(Karnak) 신전과 룩소르 신전이 있어 「세계에서 가장 큰 야외 박물관」이라 불린다. 카르나크는 테베 북쪽 절반을 일컫는 지명이었다. 카르나크는 '요새화된'이란 뜻에서 유래했다. 카르나크 사원 단지는 BC 1990년부터 30명의 파라오가 참여해 건립했다. 아문레 신전, 신성한 호수, 람세스 2세의 석상, 투트모세 1세의 오벨리스크 등의 유적이 있다.그림 35 룩소르 신전은 왕권 회복을 위해 건립한 사원이다. 룩소르 오벨리스크는 람세스 2세의 룩소르 신전 입구 양쪽에 조각되어 있었다. 23m의 오른쪽 오벨리스크는 1830년대 파리의 콩코드 광장으로 옮겨졌다. 파리의 룩소르 오벨리스크는 1936년 기념비 역사로 분류되었다. 왼쪽의 오벨리스크는 룩소르 원래 위치에 있다.그림 36 카르나크 신전과 룩소르 신전 사이에 3km 길이의 스핑크스 대로가 조성되어 있다. 나일강 건너편 서쪽에 왕들의 계곡과 여왕의

그림 36 **이집트 룩소르 신전의 오벨리스크와 파리 콩코드 광장의 룩소르 오벨리스크**

계곡이 포함된 반 묘지의 테반 네크로폴리스 유적이 있다. 테베는 1979년 유네스코 세계 유산에 등재되었다.

알렉산드리아

알렉산드리아(Alexandria)는 이집트어로 이스칸다리야라 한다. 2021년 기준으로 2,679㎢ 면적에 5,381,000명이 산다.그림 37

도시는 BC 331년에 세웠다. 알렉산더 대왕의 이름에서 따왔다. 알렉산더 대왕의 부관이었던 프톨레마이오스가 등장해 왕조를 세우고 수도로 정했다. 알렉산드리아는 헬레니즘 문화의 중심지였다. 알렉산드리아의 등대인 파로스 등대가 있었다. 프톨레마이오스 2세 필라델푸스 통치기간인 BC 280-BC 247년 기간에 만들어졌다. 높이가 100m 이상으로 추정했다. 956-1323년 사이의 세 차례의 지진으로 손상되었다. 1477년 지진으로 남은 돌은 콰이트베이 요새를 건설하는 데 사용됐다. 2013년 연구를 통해 알렉산드

그림 37 **이집트의 알렉산드리아**

리아 등대를 복원했다.그림 38 알렉산더 대왕이 점령한 지역의 각종 자료를 알렉산드리아 박물관으로 모았다. 관장으로 일하던 에라토스테네스는 이들 자료를 정리하여 책으로 출판했다.

　알렉산드리아는 BC 30-641년까지 로마 제국령 속주 이집트의 수도였다. 로마의 개선 기둥인 폼페이우스 기둥이 있다. 높이가 30m다. 붉은 화강암 으로 만들었다. 298-302년 사이에 로마 황제 디오클레티아누스를 기리기 위 해 세워졌다. 코린트식 기둥은 원래 갑옷을 입은 황제의 반암 동상을 지지 했었다. 알렉산드리아의 세라피움테메노스의 동쪽, 세라피스 신전의 폐허 옆에 서 있다.그림 39 로마 원형극장 유적이 있다. 알렉산드리아는 초기 기독 교 중심지였다. 콥트 정교회와 알렉산드리아 그리스 정교회의 출발지였다. 641년 아랍인이 이집트를 정복해서 수도를 카이로 인근 푸스타트로 옮겼다.

그림 38 **이집트 알렉산드리아의 파로스 등대와 콰이트베이 요새**

    알렉산드리아는 18세기에 국제 해운 산업의 교류지로 발달했다. 지중해와 홍해 사이의 육로 연결지가 되었다. 이집트 목화 무역의 무역항으로 발달했다. 오늘날 알렉산드리아는 천연가스와 송유관이 지나는 산업중심지로 성장했다. 수에즈 운하 거리는 알렉산드리아의 주요 거리다.

그림 39 **이집트 알렉산드리아의 폼페이우스 기둥**

사하라 사막과 시나이 반도

카이로를 벗어나면 두 가지 경관이 펼쳐진다. 동쪽으로는 동사하라 사막이 나타나다가 시나이 반도로 연결된다.그림 40 서쪽으로는 서사하라 사막이 펼쳐지다가 지중해 연안의 알렉산드리아로 이어진다.

　카이로에서 시나이 반도를 지나 이스라엘까지는 273km다. 버스로 8-10시간이 걸린다. 동사하라 사막에 자동차 도로가 나 있다. 동사하라 사막이 끝나는 지점에 홍해를 건너는 페리가 운항된다. 페리로 홍해를 건너면 시나이 반도가 나온다.그림 41 시나이 반도는 지중해와 홍해 사이에 있는 반도다. 서쪽은 수에즈 운하와 홍해 수에즈만이다. 동쪽은 이집트-이스라엘 국경인 홍해 아카바만이다. 시나이 반도에는 60,000㎢ 면적에 600,000명이 산다. 시

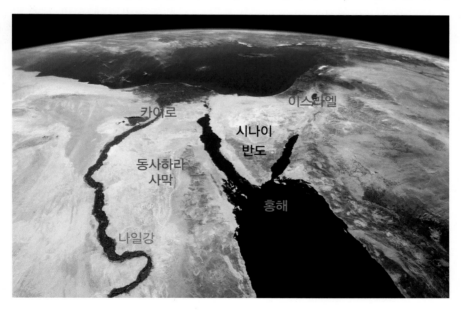

그림 40 **이집트의 카이로, 나일강, 동사하라 사막, 홍해, 시나이 반도**

그림 41 **이집트 동사하라 사막의 자동차 도로와 홍해−시나이 반도의 페리**

나이 반도는 대부분 사막이며 이집트의 영토다. 모세가 이집트에서 유대인을 데리고 나와 이스라엘로 들어가기 전에 머물던 곳이다.

사막에서 유목생활을 하는 베두인족의 주거지가 확인된다. 사막 안에 있는 오아시스에는 수목이 있고 건물도 채색되어 있다.그림 42 지중해 연안은 휴양지로 활용된다. 시나이 반도를 지나 이스라엘로 들어서면 가자 지구(Gaza Strip)가 나타난다.

이집트는 건조 기후로 나일강 주변 외는 거의 사막이다. BC 3000년 이전부터 사람이 살아온 문명 지역이다. 공식 언어는 현대 표준 아랍어다. 종교는 이슬람교 90.3%, 기독교 9.6%, 기타 종교 0.1%다. 2022년 1인당 GDP는 4,162달러다. 노벨상 수상자가 4명 있다. 수도는 카이로다. 고대부터 발달해 온 멤피스, 룩소르, 알렉산드리아가 있다.

그림 42 **이집트 동사하라 사막 베두인 주거지와 오아시스 주거지**

35

튀니지 공화국

그림 1 **튀니지 국기**

01 튀니지 전개 과정

튀니지의 공식 명칭은 튀니지 공화국이다. 아랍어로 al-jumhūriyya at-tūnisiyya(알줌후리야 앗투니시야)라 한다. 불어로 République tunisienne, 영어로 Republic of Tunisia라 한다. 2020년 기준으로 163,610㎢ 면적에 11,708,370명이 거주한다. 수도는 튀니스(Tunis)다. 튀니지는 프랑스어 명칭 Tunisie를 표현한 것이다. 수도 이름 Tunis 다음에 라틴어 접미사 ie를 붙인 표기다.

국토 지형은 산악, 평야, 사막으로 되어 있다. 사하라 아트라스 산맥의 동쪽 끝자락이 국토 북쪽에 놓여 있다. 지중해 연안의 튀니스 만에 수도 튀니스가 발달해 있다. 동쪽에 케이프 본(Cape Bon)이 있다.

튀니지의 국기는 빨간색이 기조다. 흰색 원의 중앙에 초승달이 그려져 있다. 초승달은 3면으로 오각형 빨간 별을 둘러싸고 있다. 국기는 1831년 공식적으로 채택됐다. 프랑스 보호령 시대에도 존재했다. 1959년 6월 1일 튀니지 공화국 깃발로 선포되었다. 1999년 6월 30일 특별법으로 국기의 비율과 디자인을 확정했다. 가로 세로 비율이 3:2인 빨간색 직사각형 패널이다. 빨간색은 순교자의 피를, 흰색 원은 평화를, 초승달은 무슬림의 단결을, 오각형 별은 이슬람의 다섯 기둥을 의미한다. 초승달과 별은 이슬람의 전통적인 상징이며 행운을 뜻하기도 한다.그림 1

BC 12세기 이곳에 페니키아인이 정착했다. BC 9세기에 페니카아인이 카르타고를 건설했다. BC 146년 로마는 카르타고를 정복하고 속주로 통합했다. 로마 시대에 이곳은 제국의 곡물 창고(Granary of the Empire)라 불렸다. 각종 곡물과 올리브 생산으로 번성했다. 238년 로마는 엘젬 지역에 35,000명이 들어가는 원형 극장을 세웠다.그림 2, 3 4세기 튀니지에 기독교가 전파됐다. 튀니지의 로마 지배는 반달족의 침공으로 5세기에 종료되었다. 반달족 시대(435-533)는 동로마인에 의해 533년에 끝났다.

7세기 후반 이슬람 장군 우크바 이븐 나피가 이곳을 정복했다. 우마이야 왕조(661-750) 때 이곳에 이슬람교가 들어왔다. 800-909년의 아글라비드 시대, 909-969년의 파티마 칼리프 시대, 972-1148년의 파티마 칼리프의 대리인 격의 지리드 시대, 1229-1574년의 하프시드 칼리프 시대를 거쳤다. 1574

그림 2 **튀니지 엘젬의 로마 원형 극장**

그림 3 **튀니지 엘젬의 로마 원형 극장 내부**

년 오스만 제국이 이곳을 정복해 속주로 만들어 1881년까지 통치했다. 1784년 이후 1820년까지 3차례의 페스트 전염병으로 고초를 겪었다.

1881년 프랑스가 36,000명의 군대를 이끌고 침공했다. 1881년 5월 12일 바르도 조약으로 이곳은 프랑스 보호령으로 바뀌었다. 1956년 3월 20일 프랑스로부터 독립하여 튀니지 왕국이 되었다. 1957년 7월 25일 군주제가 폐지되고 튀니지 제1공화국이 설립됐다. 초대 대통령은 튀니지 독립 운동가 하비브 부르기바 대통령이었다. 2011년 1월 14일에 재스민 혁명이 일어났다. 2014년 2월 10일 제2공화국 체제가 구축됐다.

튀니지 공용어는 튀니지 아랍어다. 프랑스어도 사용된다. 튀니지 국민의 98%가 이슬람교를 믿는다. 수니파 이슬람교가 주류다. 이슬람교는 튀니지 국민들의 생활 양식 전반에 지대한 영향을 미친다.

2008년 튀니스 전체 성인 문해율은 78%다. 15-24세 사이의 문해율은

97.3%다. 1991년부터 6-16세 학생의 기초 교육이 의무화됐다. 집에서 튀니지 아랍어를 익힌다. 학교에서 6세부터 표준 아랍어를, 8세부터 불어를, 12세부터 영어를 배운다. 사디키 칼리지(Sadiki College)는 1875년에 튀니스에 설립된 고등학교 격인 리세다. 사디키 칼리지 동문들 상당수가 튀니스 초기 입헌주의 운동에 기여했다.

튀니지 경제 활동은 농산물, 인산염, 의류 신발 제조, 자동차 부품 생산, 관광 산업 등에서 활발하다. GDP의 산업별 구성은 농업 11.6%, 광공업 25.7%, 서비스 62.8%다. 1967년에 문을 연 '보안 은행'격인 아멘 은행(Amen Bank)이 있다. 2022년 튀니지 1인당 GDP는 3,763달러다. 튀니지 국민 대화 4중주 그룹이 2015년 노벨 평화상을 받았다.

튀니지는 파란색 하늘, 파란색 바다, 파란색 집 등 파란색 3청(靑)으로 상징된다.그림 4

그림 4 **튀니지 튀니스의 파란색 대문과 파란색 집**

02 수도 튀니스

튀니스(Tunis)는 튀니지의 수도다. 212.63㎢ 면적에 2014년 기준으로 638,845명이 거주한다. 튀니스 대도시 지역(Grand Tunis)은 2,668㎢ 면적에 2,869,529명이 산다.

지중해의 튀니스 만에 연해 있는 튀니스는 해안 평야와 이를 둘러싼 언덕을 따라 도시가 발달해 있다. 튀니스와 튀니스 만 사이에 튀니스 석호가 있다. 튀니스 석호는 2013년 람사르 습지로 지정된 천연 석호다. 호수 면적은 37㎢ 다. 튀니스 동쪽 12km에 라 굴레트(La Goulette) 항구가 있다. 2014년 기준으로 45,711명이 산다. 경전철 TGM(Tunis-Goulette-Marsa)으로 튀니스와 연결된다. 페리로 유럽에 갈 수 있다.

튀니스라는 이름은 도시의 수호신인 페니키아의 여신 Tanith와 관련이 있다고 한다. '야영지'의 뜻이라는 해석도 있다. 카르타고를 가는 중간의 야영지라는 의미다.

튀니스는 카르타고, 로마 제국, 초기 이슬람 시대, 알모하드 왕조, 하프시드 왕조, 스페인 제국, 오스만 제국, 프랑스 보호령, 독립 이후 시대에 이르기까지 튀니스 역사 흐름의 중심에 있어 왔다.

튀니스의 메디나 지구는 오래된 지역이다. 1979년 유네스코 세계유산으로 등재되었다. 알모하드와 하프시드 시대의 모스크, 성문(城門), 마드라사 등

700여 개의 기념물이 있다.그림 5 알모하드 시대 튀니스는 이프리키야의 수도였다. 알모하드(Almohad) 왕조는 1121-1229년 기간에 이곳을 통치했던 베르베르 이슬람 제국이다. 하프시드(Hafsid) 왕조는 1229-1574년까지 이프리키야를 통치한 베르베르 수니파 이슬람 왕조다. 이프리키야는 서부 리비아, 튀니지, 동부 알제리를 포괄하는 지역이다. 하프시드 시대에 튀니스는 종교·경제 중심지로 성장했다. 메디나는 하프시드 때 도시의 골격을 갖췄다.

698년 알 자이투나(El-Zituna) 모스크가 세워졌다. 메디나는 알 자이투나 모스크를 중심으로 발달했다. 알 자이투나는 '올리브'란 뜻이다. 5,000㎡ 면적에 모스크로 들어 가는 입구가 9개 있다. 카르타고 구시가지에서 가져온 160개의 기둥을 활용해 지었다. 알 자이투나 모스크는 이슬람 세계에서 널리 알

그림 5 튀니지 튀니스의 라 메디나 구시가지

려진 학자, 문인, 종교 지도자
들의 활동 무대였다.그림 6, 7

737년에 마드라사로 설립
된 에즈 지투나(Ez-Zitouna)는
1956년 대학교로 바뀌었다.
튀니스의 고등 신학 연구소,
고등 이슬람 문명 연구소, 이
슬람 연구 센터로 구성되어
있다. 1,200명의 학생과 90
명의 교수진이 있다.

그림 6 **튀니지 튀니스의 알 자이투나 모스크 1890–1900**

튀니스의 메디나 빅투아
르 광장에 밥 엘 바르(바다의 문,
Sea Gate)가 있다. '바다 방향
으로 열리다'라는 뜻이다. 메
디나와 새로운 유럽 도시를
분리하는 기준이었다. 문은
아치형 통로로 구성되었다.
꼭대기에는 쐐기 모양의 난
간이 있다. 아글라비드(Agh-
labids) 시대에 만들어졌다. 아
글라비드 시대는 800-909년

그림 7 **튀니지 튀니스의 알 자이투나 모스크**

기간에 이프리키야와 트리폴리타니아를 통치하던 아랍 부족 에미르 왕조였
다. 프랑스 보호령 시대에는 「프랑스의 문」이라고 불렸다. 1860년에 밥 엘

그림 8 **튀니지 튀니스 메디나의 밥 엘 바르**

바르 인근에 프랑스 영사관 건설 허가를 받았다. 하비브 부르기바 대로에서
밥 엘 바르까지 프랑스 대로(Avenue de France)가 있다.그림 8

　수크(Souk)는 튀니스 전통 거리 시장이다. 알 자이투나 모스크 주변 메디나
지역에 집중적으로 발달했다. 양탄자, 담요, 의류, 향수, 가죽, 과일, 서적, 구
리 등이 판매된다.그림 9 수크 주변에서는 생선 장수, 대장장이, 도공 등이 활
동한다. 수크 엘 크마흐(Souk El Kmach)와 수크 엘 베르카는 밤에 문이 닫히고
경비되는 수크다. 중앙에는 19세기 중반까지 노예시장이었던 광장이 있다.

　바르도 국립 박물관은 소장품이 풍부하다. 이집트 카이로 박물관에 비견
된다. 1888년 무함마드 베이 궁전의 1층 자리에 세웠다. 당시의 통치자 베이

그림 9 **튀니지 튀니스 메디나의 거리 시장**

(Bey)의 이름을 따서 알라위(Alaoui) 박물관이라 했다. 독립한 이후 바르도 박물관(Museum of Bardo)으로 이름을 바꾸었다. 고대 그리스, 카르타고, 로마 모자이크, 이슬람 시대의 튀니지 역사와 고고학 유물이 전시되어 있다. 율리시스 모자이크, 4-5세기의 카르타고 모자이크, 해왕성 로마 모자이크 등이 있다. 2014년부터 영어, 프랑스어, 아랍어로 된 디지털 가이드가 제공된다.

알모하드(Almohad)와 하프시드(Hafsid) 시대에 튀니스는 인구 규모 100,000명의 부유한 도시였다. 이 시기에 튀니스를 방문한 여행자 이븐 바투타(Jbn Battuta)는 도시 사람들이 호화로운 의상을 입고 대규모의 축제를 열었다고 기록했다.

그림 10 **튀니지 튀니스의 하비브 부르기바 대로**

1881년 프랑스 보호령이 된 이후 20-30년간에 걸쳐 튀니스는 도시 재개발이 급속히 진행됐다. 아랍인이 사는 구시가지, 메디나와는 다른 유럽 이민자들의 새로운 신시가지가 조성됐다. 프랑스가 건설한 상수도, 천연 가스, 전기 네트워크, 교통 서비스 공공 기반 시설이 구축됐다.

튀니스는 1950년대 이후 도시 외곽으로의 도시 확장이 이뤄졌다. 1951년에 엘 옴란 지구가, 1955년에 엘 멘자 지역이 개발되기 시작했다. 1956년 독립 이후 본격화되어 케이프 본까지 도시 영역이 넓혀졌다. 1956년 독립 후 튀니스의 수도 역할이 본격화됐다. 대통령과 하원이 튀니스에 있어야 한다는 내용이 헌법에 명문화됐다. 수도로의 인구 집중이 가속화되면서 튀니스 교외 지역이 크게 개발됐다. 오래된 건물은 개조되고 업그레이드됐다. 새로운 건물이 속속 지어졌다. 산업화 정책은 튀니스 도시 경제를 발전시켰다. 튀니스 메디나 동쪽으로 현대 도시(Ville Nouvelle)가 조성됐다. 아랍 세계와의 관계도 강화되었다. 1979-1990년 사이에 아랍연맹이 튀니스에 본부를 두었다. 1982-2003년 기간에 팔레스타인 해방 기구의 본부가 튀니스에 있었다.

하비브 부르기바 대로(Avenue Habib Bourguiba)는 튀니지 역사적 정치 경제 중심지다. 튀니지 초대 대통령인 독립운동의 국가 지도자 하비브 부르기바의 이름을 따서 명명됐다. 너비가 60m이고 무화과 나무가 심어져 있다. 동서 방향으로 가로수가 늘어서 있고 양쪽으로 주요 건물과 카페가 있다. 튀니스의 샹젤리제(Champs-Élysées) 혹은 프랑스 대로(Avenue de France)라 불린다. 그림 10 대로의 동쪽 끝은 튀니스 호수다. 서쪽 끝은 중앙 원형 교차로인 독립 광장 (Place de l'Indépendance)이다. 독립 광장은 1956년 3월 20일 튀니지의 독립을 기념하는 광장이다. 1956년 이전 독립 광장은 일반 거주지였다.

하비브 부르기바 거리는 원래 해양 산책로였다. 겨울에는 진흙탕이 되고 여름에는 먼지가 많이 났다. 프랑스 보호령 이후 30년간 튀니스가 메디나 동쪽까지 성장했다. 이 거리는 제1차 세계대전 직전에 쥘 페리 대로(Avenue Jules Ferry)라 명명됐다. 1931년에 화랑, 카페, 영화관이 1932년에 호텔이 들어섰다. 1956년 새 대통령 하비브 부르기바의 이름을 따서 거리 이름이 바뀌었다. 대규모 투자로 새로운 건물이 등장했다. 하비브 부르기바 대로의 연장선인 프랑스 대로의 끝자락에 밥 엘 바르가 있다.

독립 광장은 프랑스 대사관과 생 뱅상 드 폴 성당으로 둘러싸여 있다. 1861년 광장 남쪽에 프랑스 대사관을 세웠다. 생 뱅상 드 폴 성당(Cathédrale Saint-Vincent-de-Paul de Tunis)이 프랑스 대사관 맞은 편에 건립됐다. 성당은 1897년에 로마네스크-비잔틴 양식으로 지었다. 자선의 수호 성인인 성 빈센트 드 폴에게 헌정된 로마 가톨릭교회다. 성당 앞에는 이븐 칼둔(Ibn Khaldun) 동상이 있다. 1978년에 건립했다. 이븐 칼둔은 튀니지의 철학자, 역사가, 사회학자였다. 그는 1332-1406년 동안에 활동했다. 대표 저서 『서론 Prolegomena』에서 오스만 제국 등 이슬람 세계의 성장과 쇠퇴를 분석했다.

부르기바 하비브 대로에 있는 시립 극장은 1902년에 문을 열었다. 아르누

그림 11 **튀니지 튀니스 모하메드 5세 대로의 BH 은행과 투르 드 라 네이션**

보 양식의 극장이다. 극장 개관 100주년을 맞아 2001년에 전체 개조 공사를
완료했다. 오페라, 발레, 교향악, 콘서트, 드라마를 선보인다.

모하메드 5세 대로(Avenue Mohammed V)는 길이 1.5km인 튀니스의 주요 거
리다. 모로코 왕 모하메드 5세의 이름을 따서 지었다. 1957년 개발을 시작해
주요 건물이 차례로 들어섰다. 1990년에 지은 「투르 드 라 네이션」 건물 안
에는 국토부가 들어 있다. BH은행은 1973년 국민주택저축은행으로 출발하
여 1989년 주택은행으로 2019년에 BH(banque de l'habitat) 은행으로 바뀌었다.
BH 본사는 2003-2010년 사이에 모하메드 5세 거리에 높이 66.2m, 16층으
로 신축되었다. 정부와 교육 기관, 콘퍼런스와 컨벤션 센터, 은행, 박물관, 종
교, 대사관 등의 건물이 있다.그림 11

튀니스 시청은 1998년에 지었다. 60명으로 구성된 시의회 의원들이 활동
한다. 튀니스 지역 전통을 상징하는 현대식 건물이다. 튀니스의 중심부에 위

그림 12 **튀니지의 튀니스 시청**

치했다. 튀니스 시청 인근에 시네마 박물관이 있다.그림 12

　튀니스 동쪽 교외 지역에 카르타고, 시디 부 사이드, 라 마르사가 있다.

　카르타고는 라틴어로 Carthago, 페니키아어로 콰르트하다쉬트(Qart-Ha-dasht)라 한다. '새로운 도시'라는 뜻이다. 그리스인은 「칼케돈」이라 했다. BC 9세기에 페니키아인이 카르타고를 구축했다. BC 814년에 오늘날 레바논 티레(Tyre) 출신의 디도(Dido)가 카르타고를 세웠다는 해석도 있다. BC 5세기에 카르타고는 지중해 패권을 장악했다. 카르타고는 지중해를 사이에 두고 로마와 다퉜다. BC 218-BC 202년 기간 제2차 포에니 전쟁이 벌어졌다. 카르타고의 한니발 장군이 활약한 전쟁이다. BC 149-BC 146년 사이의 제3차 포에니 전쟁에서 로마는 카르타고를 정복하고 속주로 통합했다. 카르타고는 소금을 뿌려 불태워져 황무지가 되었다. BC 46년 율리우스 카이사르가 카르타고를 재건했다. 카르타고는 북아프리카 일대의 상공업 도시가 되

그림 13 **튀니지 튀니스 카르타고의 유적**

었다. 카르타고는 구리, 납, 아연, 철, 은 등 광물과 소라 껍질에서 뽑아낸 자주색으로 염색한 가공 직물 등을 교역하여 경제적 풍요로움을 누렸다. 439년에 반달족이 침공해 왔다. 698년 아랍인이 들어와 파괴한 후 카르타고는 역사 속으로 사라졌다.

고대 카르타고의 폐허(廢墟), 안토니누스의 욕장, 카르타고 항구 등 유적지가 남아 있다. 안토니누스 욕장은 카르타고 욕장이라고도 한다. 145-162년 기간에 로마 황제 안토니누스 피우스가 지었다. 아프리카 대륙에 세워진 가장 큰 로마의 테르마(thermae)다. 테르마는 '뜨거운'이란 뜻이다. 대규모 황실 목욕 단지를 의미한다. 카르타고의 유적지는 1979년 유네스코 세계문화유산에 등재되었다.그림 13, 14

튀니스 북동쪽 20km에 튀니지 마을 「시디 부 사이드」가 있다. 2014년 기

그림 14 **튀니지 카르타고의 안토니누스 욕장**

준으로 5,911명이 산다. 카르타고 만과 튀니스 만이 내려다 보이는 절벽에 위치해 있다. 해발 고도 130m다. 이곳에서 이슬람 수피교의 성자 시디 부 사이드가 활동하다가 1231년에 묻혔다. 1893년 성자의 이름을 따서 마을 이름을 시디 부 사이드로 했다. 예술가, 음악가, 작가들이 즐겨 찾는 명소다. 흰색과 파란색의 낙원이라 불린다. 바다가 내려다 보이는 전망 좋은 카페가 많다. 1963년에 시디 부 사이드 항구를 정비했다.그림 15, 16

라 마르사는 튀니스 북동쪽에 있다. 2014년 기준으로 92,987명이 산다. 라 마르사는 튀니지의 옛 여름 수도였다. 오늘날 튀니스 시민들의 휴양지로 활용된다. TGM으로 튀니스와 연결된다.

그림 15 **튀니지 튀니스의 시디 부 사이드 항구**

    1980년대 이후 튀니스 호수 주변 지역 개발이 진행됐다. 튀니스 대도시권화가 진행되면서 이루어지는 도시 확장 현상이다. 150,000명이 거주할 수 있는 주거지를 구상했다. 튀니스 북부의 해안 지역, 동북 지역, 북서쪽 해안 지역 등에서 개발 계획과 개발이 이뤄졌다. 튀니스 호수 기슭에 엘 칼리즈 주택 단지가 계획됐다.

    튀니지 공용어는 튀니지 아랍어다. 경제 활동은 농산물, 인산염, 의류 신발 제조, 관광 산업에서 활발하다. 2022년 튀니지 1인당 GDP는 3,763달러다. 튀니지 국민대화 4중주 그룹이 2015년 노벨 평화상을 받았다. 수니파 이슬람교도가 98%다.

그림 16 **튀니지 튀니스의 시디 부 사이드 카페**

튀르키예 공화국

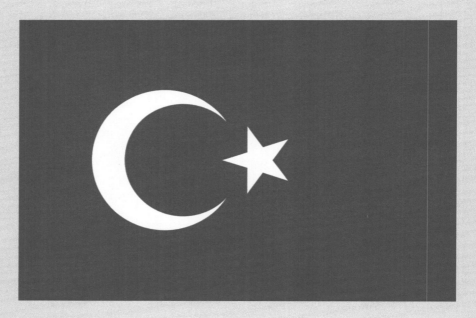

그림 1 **튀르키예 국기**

01 튀르키예 전개 과정

튀르키예의 공식 명칭은 튀르키예 공화국이다. 튀르키예어로는 Türkiye Cumhuriyeti(튀르키예 줌후리예티)라 한다. 영어로는 Republic of Turkey로 표기한다. 약칭으로 튀르키예, Türkiye, Turkey라 한다. UN은 튀르키예의 요청으로 2022년 6월 2일부터 나라이름을 '터키'에서 「튀르키예」로 변경한다고 했다. 대한민국 외교부도 튀르키예의 요청에 따라 2022년 6월 24일부터 국호를 「튀르키예」로 바꾸었다. 튀르키예는 서아시아의 아나톨리아에서부터 발칸 반도의 동트라키아에 걸친 국가다. 수도는 앙카라다. 구(舊) 수도는 이스탄불이다. 783,356㎢ 면적에 2021년 기준으로 84,680,273명이 거주한다.

튀르키예는 대체로 산악 국가라고 설명한다. 저지대는 해안 연안에 국한되어 있다. 지표면의 1/4은 해발 고도 1,200m 이상이다. 2/5는 해발 고도 460m 미만이다.

튀르키예는 지정학적으로 아시아와 유럽의 교차 지점에 입지해 있다. 국력이 융성했을 때 아시아와 유럽에 영향을 행사한 오스만 제국이 되었다. 제1차 세계대전 이후 오늘의 튀르키예 영토로 축소됐다.

국명 튀르키예(Türkiye)는 튀르키예인과 오스만인을 일컫는 말로 쓰였다. 튀르크(Türk)는 '강하다'라는, 접미사 이예(iye)는 '주인'이란 뜻이다. 튀르크가 지명으로 쓰여진 최초의 기록은 8세기경 세워진 오르혼 비문이다. 중세 라틴어에서는 튀르키예를 투르키아(Turchia)라 했다. 투르키아를 영어로 표기한 것이 Turkey(터키)다. 대한민국은 튀르키예를 「형제의 국가」라 칭한다. 돌궐의 오르혼 비문에 고구려를 형제라고 기록했기 때문이다. 돌궐(突厥)은 튀르크를 한자로 바꾼 이름이다.

튀르키예의 인구 구성에서 튀르키예인이 80%다. 나머지는 쿠르드인, 아랍인, 투르크멘인, 체르케스인, 그리스인이다. 공용어는 튀르키예어다. 언어 사용 비율은 튀르키예어 84.54%, 쿠르드어 11.97%, 아라비아어 1.38%다.

튀르키예 국기는 빨간 바탕에 흰색 별과 초승달이 그려진 빨간 깃발(al bayrak)이다. 1844년 오스만 국기로 사용했다. 법에 의해 1936년 5월 29일 튀르키예 국기로 확정했다. 빨간 배경은 식민 세력에 대항하여 싸운 튀르키예 독립 전사들의 피를 상징한다. 초승달은 국가와 국민의 종교를, 흰색 별은 튀르키예 문화의 다양성을 표현한다.그림 1

튀르키예는 아나톨리아 시대, 초기 기독교 시대, 로마 시대, 비잔틴 시대를 지냈다. 이어 오스만 제국, 튀르키예 공화국을 거쳐 오늘에 이르렀다. 튀르키예에는 아나톨리아인, 아시리아인, 그리스인, 트라키아인, 우라르투인, 아르메니아인이 살았다.

차탈회위크(Çatalhöyük)는 아나톨리아 코니아에 있는 신석기 시대 초기 도시 유적이다. BC 7500-BC 5700 사이에 존재했다. 차탈은 '포크(fork)', 회위크는 '언덕'이란 뜻이다. 거주 인구 규모는 5,000-7,000명으로 추정했다. 진흙 벽돌집에 살았다. 집들 사이에 보도나 거리가 없었다. 옥상이 사실상의 거리였다. 천장의 구멍과 집 측면의 문으로 접근했다. 문은 사다리와 계단으로 연결됐다. 농업과 동물 사육 기술이 있었다. 2012년 유네스코 세계유산으로 등재됐다.

그림 2 **사도 바울과 튀르키예 안디옥 성 바울 정교회**

아나톨리아의 하투사(Hattusa)는 히타이트 왕조의 수도였다. BC 6000년에 설립되었다가 BC 1200년에 무너졌다. 앙카라 동쪽 150km 떨어진 보가즈칼레에 하투사의 스핑크스 문 유적이 있다. 보가즈칼레는 '협곡 요새'라는 뜻이다. 2012년 기준으로 310.50㎢ 면적에 4,437명이 산다. 1986년에 유네스코 세계유산에 등재되었다.

BC 334년 알렉산더 대왕이 튀르키예를 점령했다. BC 300년 튀르키예 남부에 안티오크가 세워졌다. 안티오크는 성경에서의 안디옥이다. 안디옥에서 처음으로 예수를 따르는 사람을 「기독교인」이라 불렀다 한다. 사도 바울이 안디옥 교인에게 서신을 보내 선교했다. 41년에 안디옥에 성 바울 정교회가 세워졌다. 교회는 발굴을 통해 복원 건립되었다.그림 2 안디옥은 오늘날 안타키아가 되었다. 안타키아에는 858.08㎢ 면적에 2012년 기준으로 216,960명이 산다. 안타키아 광역권에는 470,833명이 거주한다.

그림 3 **콘스탄티누스 대제와 콘스탄티누스의 기둥**

　　BC 657년 고대 그리스의 메가라(Megara)인이 보스포러스 해협 유럽 연안에 식민도시를 건설했다. 그들은 통치자 비자스(Byzas)의 이름을 따서 도시명칭을 비잔티움(Byzantium)이라 했다. 324년 콘스탄티누스 대제(재위 306-337)는 비잔티움을 새로운 로마(Nova Roma)로 공표했다. 그는 330년 5월 11일 비잔티움을 로마 제국의 새로운 수도로 정했다. 개도식(開都式)을 기리기 위해 같은 날 「콘스탄티누스의 기둥」이 세워졌다. 손상이 있었으나 1972년에 복원했다. 이 기둥은 1985년 유네스코 세계유산으로 등재됐다. 337년 콘스탄티누스 대제가 영면했다. 비잔티움은 「콘스탄티노폴리스」로 개명됐다. '콘스탄티누스의 도시'라는 뜻이다. 콘스탄티노폴리스는 '콘스탄티누스가 세운 새로운 로마'라는 뜻의 콘스탄티노플(Constantinople)로도 불린다.그림 3

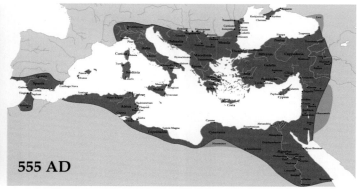

555 AD

그림 4 **유스티니아누스 1세와 555년의 비잔틴 제국 영토**

비잔틴 제국이라는 용어는 콘스탄티노플의 고대 지명 비잔티움에서 유래했다. 비잔틴이란 명칭은 1557년 독일 역사가 볼프(Wolf)가 처음 사용했다. 비잔틴 제국은 로마의 이념과 제도를 이어받았다. 국교는 그리스도교였다. 언어, 문화, 생활 양식 면에서 그리스 헬레니즘의 전통을 많이 따랐다. 비잔틴 제국은 동(東)로마 제국 또는 비잔티움이라고도 한다.

비잔틴 제국은 395년에 본격적으로 제국의 시대를 열고 강력한 중앙집권적 국가로 성장했다. 비잔틴 제국의 유스티니아누스 1세(재위 527-565)는 이탈리아, 달마티아, 아프리카, 히스파니아 남부 등 서로마제국의 옛날 영토를 재정복했다. 재정복은 「제국의 회복(renovatio imperii)」으로 표현되었다. 555년 비잔틴 제국의 영토는 지중해 연안의 거의 모든 지역으로 넓혀졌다. 그는 제도를 개혁하고, 하기아 소피아 성당을 재건했다. 동방 정교회로부터 성인(聖人)과 대제(大帝)의 칭호를 받았다.그림 4

비잔틴 제국은 콘스탄티노플을 중심으로 1,000여년 간 존속하다가 1453년 붕괴됐다.

그림 5 **오스만 제국의 오스만 1세, 메흐메트 2세, 쉴레이만 1세**

셀주크 왕조의 창시자는 오구즈 투르크 군벌 셀주크(Seljuk)다. 1037년 셀주크의 손자 투그릴(990-1063)과 그의 형제 차그리(989-1060)가 셀주크 제국을 세웠다. 고향인 아랄해 근처에서 출발하여 코라산, 중앙아시아, 이란, 이라크, 시리아를 지배했다. 1071년 만치케르트 전투에서 비잔틴 제국을 꺾어 아나톨리아 지역을 차지했다. 1092년 말리크샤(Malik-Shāh) 1세 때 최대 영토를 구축했다. 「중국의 국경에서 시리아 끝자락까지」가 셀주크의 영토였다. 공용어는 페르시아어, 오구즈 튀르크어, 아랍어를 썼다. 종교는 수니파 이슬람교 하니피였다. 1080년 추정 면적은 3,900,000㎢였다.

셀주크 제국 시대에 튀르크인들이 중동으로 진출해 오늘날 튀르키예의 토대를 구축했다. 이란, 이라크, 캅카스, 아제르바이잔, 투르크메니스탄에 사는 튀르크족도 셀주크 시대에 형성되었다. 이슬람은 마드라사를 통해 체계화되었다. 이슬람 신비주의 수피즘이 대두해 이슬람 대중화를 심화시켰다. 예술, 미술, 건축 분야에 걸쳐 많은 업적을 남겼다. 셀주크 제국은 1140년부터 쇠퇴했다. 1194년 이슬람 수니파 화라즈미아 제국에 의해 멸망했다.

1204년 제4차 십자군 원정의 결과 동로마 제국이 물러나고 콘스탄티노폴리스 라틴 제국이 세워졌다. 로마니아 제국이라고도 한다. 1261년까지 콘스탄티노폴리스와 보스포루스 해협 연안을 지배했다.

오스만(Osman)은 1280-1299년 기간에 우흐 베이로 룸(Rum) 술탄국을 통치했다. 1299년 아나톨리아 북서부에서 오스만 제국을 창건했다. 그는 1324년까지 제1대 술탄으로 오스만 제국을 다스렸다. 1354년 오스만 제국은 유럽의 발칸 반도를 정복했다. 1453년 메흐메트 2세는 콘스탄티노플을 함락해 비잔틴 제국을 종료시켰다. 콘스탄티노플은 '도시(都市)로'의 뜻인 이스탄불(Istanbul)로 명칭이 바뀌었다. 1520-1566년 기간의 쉴레이만(Suleiman) 1세 때 오스만은 대제국으로 성장했다. 쉴레이만은 솔로몬의 튀르키예어식 발음이다. 그는 발칸 반도, 남동부 유럽, 서아시아, 북아프리카의 상당 지역을 정복했다. 법, 문학, 예술, 건축 등의 문화 분야가 부흥했다.그림 5 1481-1683년 기간에 오스만 제국은 넓은 영토를 구축했다. 시리아와 메소포타미아 등 중동 대부분, 남부 유럽과 헝가리 등 동부 유럽의 상당 부분, 이집트와 아프리카 북부, 아라비아 반도의 상당 부분이 오스만 제국의 영토였다. 1595년 오스만 제국의 영토는 19,900,000㎢였다. 아시아, 유럽, 지중해의 교역로를 확보한 오스만 제국은 교역을 통해 커다란 부를 축적했다.그림 6 1651-1683년 기간 술탄 발리데의 지위로 투르한 술탄이 오스만 제국을 섭정 통치했다. 오스만 제국은 1683년 7월-9월 기간의 비엔나 전투에서 승리하지 못했다. 합스부르크 신성 로마 제국이 대항했기 때문이다. 18세기 후반부터 오스만 제국은 쇠퇴했다. 19세기 초 마흐무트 2세가 군대와 봉건제에 대한 근대화 개혁을 단행했다.

1908년 쿠데타가 일어나 입헌군주정이 선포되었다. 청년 장교들의 지휘

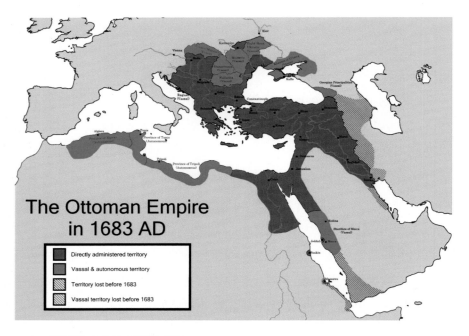

그림 6 **1683년 오스만 제국의 영토**

아래 오스만 제국은 동맹국으로 1914년 제1차 세계대전에 참전했다. 동맹
국은 오스만·독일·오스트리아-헝가리 제국과 불가리아 왕국이었다. 동맹
국은 제1차 세계대전에서 패배했다. 오스만 제국 치하의 여러 나라가 독립
했다. 오스만 제국은 전범국이 되었다.

　1920년 8월 10일 파리 근교의 세브르(Sèvres)에서 연합국과 오스만 제국
이 세브르 조약을 체결했다. 연합국은 프랑스, 영국, 일본, 그리스, 이탈리
아 등이었다. 이 조약으로 연합국은 오늘날의 튀르키예 영토를 제외한 오스
만 제국의 모든 영토를 해체하여 점령했다. 연합국은 튀르키예 영토의 일부
도 장악했다. 영국과 프랑스는 지중해 동쪽 지역을 갈라서 점령했다. 영국

그림 7 **무스타파 케말 아타튀르크와 로잔 조약에 의한 튀르키예 영토**

위임통치령 팔레스타인과 프랑스 위임통치령 시리아 및 레바논이 설치되었
다. 1922년 메흐메트 6세(재위 1918-1922)가 폐위되면서 오스만 제국은 막을 내
렸다.

1900-1923년 기간에 오스만 제국은 아르메니아인, 아시리아인, 그리스인
수백만 명을 학살했다. 1919년 5월 15일 그리스는 지금의 이즈미르인 스미
르나에 침공해 왔다. 1922년 10월 11일 튀르키예는 무스타파 케말 아타튀르
크를 중심으로 뭉쳐 그리스와의 전쟁을 벌여 승리했다. 튀르키예는 1923년
7월 24일 로잔 조약으로 이스탄불, 동트라키아, 아나톨리아를 탈환하여 지
금의 튀르키예 영토를 수복했다. 튀르키예에 사는 그리스인과 그리스에 사
는 튀르키예인의 인구 교환이 이뤄졌다. 1922년 11월 1일 술탄제가 폐지됐
다. 1923년 10월 29일 튀르키예 공화국이 세워졌다. 무스타파 케말은 수도
를 이스탄불에서 앙카라로 옮겼다. 무스타파 케말은 본명이다. '케말 파샤'
라고도 한다. 케말은 '완벽, 성숙'을 뜻한다. 수학 선생님이 불러준 이름이다.
아타튀르크는 '튀르키예의 아버지'라는 뜻이다. 1934년 튀르키예 의회에서
증정한 칭호다.그림 7

튀르키예는 UN , OECD(1961), G 20(1999) 창립 회원국이다. NATO, IMF, 세계은행, OCI(이슬람 회의 기구), OSCE 가입국이다. 1950년에 유럽 평의회에 참여했다. 튀르키예는 단일 의회 공화국이다.

튀르키예는 농산물, 와인, 섬유, 자동차, 운송 장비, 건축 자재를 생산한다. 건설업이 활성화되어 있다. Beko, Vestel 등의 전자 가전 제품이 생산된다. 2022년 튀르키예 1인당 GDP는 8,081달러다. 노벨상 수상자는 문학과 화학 분야에 각 1명이 있다.

튀르키예에는 공식적인 국교가 없다. 세속적 이슬람 주의를 택했다. 종교와 양심의 자유를 보장한다. 2016년 설문에서 이슬람교도는 전체 인구의 82%로 조사됐다. 기독교도는 2%다. 기독교도는 튀르키예 인구가 16,000,000명이었을 때 17.5%인 3,000,000명이었다. 아르메니아인의 대학살, 그리스 정교회 교도와 튀르키예 이슬람교도 간의 인구 교환의 결과로 줄어 들었다.

02 수도 앙카라

앙카라는 튀르키예의 수도다. 2021년 기준으로 24,521㎢ 면적에 5,156,573명이 산다. 앙카라 광역권에는 5,747,325명이 거주한다. 앙카라의 서쪽에 사카리아강의 지류인 앙카라강이 흐른다. 해발고도 938m에 세워졌다.

「앙카라 Ankara」의 어원은 '닻'을 뜻하는 그리스어 Ankyra(앙퀴라)라고 추정한다. 앙카라는 고대에 앙키라(Ancyra), 중세에 앙고라(Angora)라 쓰였다.

BC 2000년 히타이트인이 이곳에 정착했다. BC 1000년대에 프리지아인이 이주해왔다. 이곳은 리디아, 아케메네스 왕조, 알렉산더 대왕, 안티고노스 왕조의 시대를 거쳤다. BC 278년 켈트족이 점령하면서 갈라티아라 불렸다. BC 25년 아우구스투스가 갈라티아를 정복해 로마 제국의 속주가 되었다. BC 25-BC 20년 사이에 건립한 아우구스투스 신전, 362년에 세운 율리아누스 기둥, 로마 목욕탕 등의 유적이 있다. 4세기에 앙카라에는 그리스도교가 융성하게 퍼졌다. 비잔틴 제국 때에 앙카라는 번성했다.

1071년 셀주크 제국은 만치케르트 전투에서 동로마제국인 비잔틴 제국을 눌렀다. 오우즈족과 룸 술탄국의 통치를 받았다. 1243년 몽골 제국이 쾨세다그 전투에서 룸 술탄국을 이겼다. 일 칸국이 들어왔다. 일 칸국은 1256-1335년 기간 현재의 이란, 이라크에 걸쳐 있던 몽골 제국의 칸국 중 하나다. 1290년 상공업 조합인 아히 형제단(Ahiler)이 앙카라에 상인 국가를 세웠다. 1356

년 오스만 베이국(Beylik)이 형제단을 물리치고 앙카라를 합병했다. 1393년 앙카라는 아나톨리아 성도(省都)가 되었다. 1867년 앙카라는 앙카라 주도(州都)로 이어졌다.

1920년 4월 23일 무스타파 케말 장군이 앙카라에서 국민회의를 열었다. 4월 23일은 튀르키예 공화국 건국기념일이 되었다. 1921년 8월 23일부터 9월 13일까지 사카리아 전투에서 총사령관 케말은 그리스를 꺾었다. 1922년 8월 30일 튀르키예군은 덤루피나루 전투 승리의 여세를 몰아 이즈미르에서 그리스군을 몰아냈다. 1923년 10월 13일 아타튀르크 튀르키예 초대 대통령은 이스탄불에서 앙카라로 수도를 천도했다. 무스타파 케말 아타튀르크는 로마자로 Mustafa Kemal Atatürk라 표현한다.

튀르키예 초대 대통령 아타튀르크의 영묘인 아니트카비르(Anitkabir)가 앙카라의 중심에 있다. 아니트카비르는 '기념 무덤(memorial tomb), 영묘(寧廟)'라는 뜻이다. 1953년 11월 10일 개관했다. 길이 57.35m, 너비 41.65m, 높이 27m다. 아니트카비르는 사자의 길, 의식 광장, 명예의 전당, 평화 공원의 4개 부문으로 조성되어 있다. 아타튀르크의 무덤은 명예의 전당 1층의 40톤 석관 아래에 있다. 시신은 석관 아래 지하 특별 무덤 방에 안장되어 있다. 명예의 전당 평면은 41.65m × 57.35m이고, 높이는 17m다. 기둥은 14.4m다. 특별 무덤 방의 평면은 셀주크와 오스만 건축 양식의 팔각형이다. 피라미드 천장은 금 모자이크로 상감(象嵌)되어 있다.그림 8 아니트카비르 내에는 탑, 조각상, 박물관이 있다. 튀르키예 지폐 20리라(1970년대), 500만 리라(1990-2005), 5리라(2005-2008) 뒷면에 아니트카비르가 그려져 있었다. 아타튀르크 영묘 맞은편에 1973년 사망한 튀르키예 2대 대통령 이스메트 이뇌뉘의 무덤이 있다.

발터 크리스탈러가 앙카라의 도시 계획을 추진했다. 그는 중심지 이론을 주장하는 독일 지리학자였다. 최종 인구 50만 명 도시로 계획했으나 인구가 너무 팽창해 계획대로 실현되지는 못했다. 도시 계획안은 도시 내에 고차 중심지와 저차 중심지를 두고, 중추관리·상업·공업·주거 기능을 두도록 했다. 앙카라 역을 중심으로 북쪽의 울루스 지역이 고차중심지다. 동쪽에는 주요 관공서와 앙카라 대학교가 있다. 남쪽의 키질라이는 상업지구다. 산업지구도 검토되었다.

그림 8 **튀르키예 앙카라의 아타튀르크 영묘 아니트카비르와 명예의 전당 석관**

울루스는 앙카라의 중심 지역이다. 울루스는 '국민, 민족'을 뜻한다. 울루스 광장에 승리 기념비인 아타튀르크 청동 기마상이 있다. 전국적인 기금 모금으로 1927년 11월 24일 준공했고 2002년에 복원했다. 말을 탄 아타튀르크와 두 명의 군인과 한 명의 여성이 있다. 한 병사는 친구를 전선으로 부르고 있다. 다른 병사는 전선을 지켜보고 있다. 한 여성은 1917-1923년 튀르키예 독립 전쟁의 대포를 들고 있다. 여성의 공헌을 언급하기 위해서다.

울루스에는 은행, 호텔, 오피스, 레스토랑 등 상업 기능과 아나톨리아 문명 박물관, 앙카라 성, 겐츨릭 공원 등의 문화 기능이 입지해 있다. 1923년에

그림 9 **튀르키예 아나톨리아 문명 박물관의 『앉아 있는 여인』과 『키메라』 조각상**

소집된 국회 의사당은 독립 전쟁 박물관으로 바뀌었다. 앙카라 궁전이라 불리는 호텔에서 무스타파 케말이 머물렀다.

아나톨리아 문명 박물관은 1921년에 개관했다. 아나톨리아 유물은 구석기, 신석기, 초기 청동기, 아시리아, 히타이트, 프리지아, 우라르티아, 그리스, 헬레니즘, 로마, 비잔틴, 셀주크, 오스만 시대에 이르기까지 연대순으로 전시되어 있다. 차탈회위크의 『앉아 있는 여인』상은 고양이(암사자, 표범) 머리 받침 팔걸이를 걸치고 앉아 있는 누드 여성상이다. 구운 진흙으로 만들었다. BC 6000년경 신석기 시대 작품이다. 출산하는 과정의 풍성한 어머니 여인상으로 해석했다. BC 1200-BC 700년 후기 히타이트 시대 카르케미쉬(Carke-mash)의 『키메라 *Chimera*』조각상이 있다. 키메라 조각상은 사람과 사자의 머리를 하고 있다.그림 9 아나톨리아 문명 박물관은 1997년 4월 19일 「올해의

그림 10 **튀르키예 앙카라 성**

유럽 박물관」으로 선정되었다.

앙카라 성(Ankara Kalesi)은 해발고도 938m 고지대에 있는 역사적 요새다. BC 8세기 프리지아인이 건설했다. 갈라티아(BC 278), 로마 제국(BC 25), 셀주크 제국(1071), 오스만 제국(1356), 튀르키예(1923) 시대에 재건되거나 개조되었다. 성은 탑이 있는 성벽 내부 라인과 성벽 외부 라인으로 구성되어 있다. 탑의 높이는 14-16m이고, 성벽 면적은 43㎢다.그림 10

성을 올라가는 길에 게체콘두(Gecekondu)가 있다. Gece는 '밤'을, kondu는 '배치, 건설'을 뜻한다. 따라서 게체콘두는 「밤 사이에 빨리 지은 집」을 의미한다. 튀르키예에서는 「해가 진 후에 건축을 시작해 다음날 동이 트기 전에 완성된 집은 허물지 않는다」는 규정이 있다고 한다. 게체콘두는 '판자집 내지 판자촌'이라 설명한다. 게체콘두에는 흐르는 물과 전기가 공급된다. 대체

그림 11 **튀르키예 앙카라와 이즈미르의 게체콘두**

로 농촌에서 도시로 올라와 소득이 높지 않은 사람들이 게체콘두에 산다. 앙카라, 이즈미르, 이스탄불에 게체콘두가 많다. 전통 대장간, 철물점, 빵집 등이 있다.그림 11

1943년에 문을 연 겐츨릭 공원은 27.5ha로 울루스에 있다. 수영장, 야외 극장, 놀이 시설, 문화 센터, 컨벤션 홀이 있다. 1949년 문을 연 앙카라 국립극장은 알틴다 지역의 울루스 지구에 있다. 퀴취크 극장과 오다 극장이 같은 건물에 있다. 퀴취크 극장은 '작은 극장'이란 뜻이다.

앙카라대학교는 1946년에 개교했다. 40개의 직업 프로그램, 120개의 학부 프로그램, 110개의 대학원 프로그램이 있다. 교직원이 1,639명, 재학생이 66,796명이다.

샹카야(Çankaya)는 국제적인 지구로 앙카라의 문화와 금융 중심지다. 정부 건물과 외국 대사관이 있다. 1923년 튀르키예 공화국이 건국되기 전에는 과수원과 정원이었다. 반대편 언덕에 앙카라 성이 있다. 1920년대 무스타파 케말 아타튀르크가 정원 주택 가운데 한 곳에 머물렀다. 아타튀르크가 공화국의 수도로 앙카라를 선택하면서 샹카야 지역은 빠르게 성장했다. 오스만 스타일 건물이 현대식 건물로 대체되었다. 도서관, 박물관, 극장, 영화관, 문화협회, 서점, 출판사가 들어섰다. 이 지역의 많은 거리는 시인, 작가, 사상가의 이름을 따서 명명되었다. 새로운 대학들이 세워졌다.

샹카야에는 포도밭 오두막집으로 쓰였던 샹카야 멘션이 있다. 1921-1932년 기간 무스타파 케말의 거처였다. 1923-2007년 기간은 튀르키예 대통령의 관저였다. 샹카야에는 1925-1973년 기간 이뇌뉘가 살던 집 펨베 쾨스크도 있다.

키질라이 광장은 앙카라의 중심지 샹카야에 있다. 키질라이는 '적신월(赤新月)'이란 뜻이다. 1929년에 개원한 적십자 단체 「튀르키예 키질라이 본부」에서 따왔다. 2016년 8월 9일에 「July 15 Kızılay National Will Square(7월 15일 키질라이 국민 광장)」로 개명됐다. 아타튀르크 대로, 지야 괴칼프 대로, 가지 무스타파 케말 대로가 교차한다. 1965년에 건립한 국제 스타일 고층 건물 카흐라만라르 비즈니스 센터와 쇼핑 몰이 있다. 인근 코자테페 사원 지하에 대형마트가 있다.

쇠귀퇴주(Söğütözü)는 예니마할레에 있는 중앙 비즈니스 지구다. 쇠귀퇴주는 '직관력, 이상주의'란 뜻이다. 앙카라 지하철 M2 라인과 앙카라 경전철 A1 라인이 지나간다. 앙카라에 2020년 4월 기준으로 150m보다 높은 고층 빌딩이 7개 있다. 고층 빌딩 대부분은 쇠귀퇴주 지구에 있다. 2018년에 건설한 쿠즈 효과(Kuz Effect) 복합 빌딩은 186m로 46층이다. 2019년에 지은 166m 높이의 YDA 복합 센터는 복합 기능 빌딩으로 37층이다. YDA 센터는 건물의 가운데가 나선형으로 되어 있어 밤에는 나선형 다리 모양으로 보인다.그림 12

그림 12 **튀르키예 앙카라 쇠귀퇴주 비즈니스 지구의 YDA 센터**

그림 13 **튀르키예 앙카라의 대통령 도서관**

2014년 취임한 튀르키예 대통령은 2014년 10월 29일부터 앙카라 대통령 단지인 Cumhurbaşkanlığı Külliyesi(쿰후르바스칸리히 퀼리예시) 내의 대통령 궁을 사용했다. 퀼리예(külliye)는 모스크를 중심으로 한 복합단지를 의미한다. 대통령궁은 아타튀르크 산림 농장의 베슈테페 지역에 있다. 2015년 7월 3일 문을 연 베슈테페 밀레 모스크가 대통령 단지 안에 있다. 대통령 도서관은 2020년 2월 20일 개관했다. 4,000,000권 이상의 책과 인쇄물이 있다. 음향, 음악, 전자책, 특허, 데이터 베이스, 지도, 그림 등을 열람할 수 있다.그림 13

앙카라에 한국 공원이 조성되어 있다. 한국전쟁 때 참전해 순직한 튀르키예 군인들의 이름이 새겨진 위령탑이 세워졌다. 1971년 대한민국 서울과 튀르키예 앙카라가 자매 결연을 맺었다. 1977년 이를 기념하여 서울 여의도에 튀르키예 테마 공원인 앙카라 공원을 개원했다. 앙카라 하마뫼뉘 지구에 오스만 시대 주택이 남아 있다.

소금 호수인 투즈(Tuz) 호수는 앙카라에서 150km 떨어진 아나톨리아 중앙 고원에 있다. 호수에 지하수와 지표수의 두 하천이 흐르지만 배출구가 없다. 수로와 개울이 호수로 들어가는 곳에 기수 습지가 형성되어 있다. 계절에 따라 범람하는 염초 초원이 있다. 튀르키예에서 소비되는 소금의 63%가 투즈 호수에서 생산된다. 집수 면적이 11,900㎢, 호수 면적이 1,600㎢, 호수 평균 깊이가 0.5m, 최대 깊이가 1.5m다.그림 14

그림 14 **튀르키예 앙카라 인근의 소금 호수 투즈**

03 이스탄불

이스탄불(Istanbul)은 튀르키예의 최대 도시다. 2,576.85㎢ 면적에 2021년 기준으로 15,514,128명이 산다. 이스탄불 광역권 인구는 15,840,900명이다. 이스탄불의 도시권역은 아시아와 유럽 양 대륙에 있다. 이스탄불은 '도시로 (to the city)'의 뜻이다. 튀르키예 기업의 본부가 몰려 있다. 2018년 13,400,000 명의 외국인이 방문했다. 이스탄불은 2017년 유네스코 세계유산으로 등재되었다.그림 15

그림 15-1 **튀르키예 이스탄불의 마르마라해, 술탄 아흐메트 모스크, 하기야 소피아**

그림 15-2 **튀르키예 이스탄불의 보스포루스 해협, 돌마바흐체 궁전, 레벤트 금융 지구**

그림 16 **튀르키예 이스탄불의 술탄 아흐메트 모스크와 하기야 소피아**

이스탄불은 비잔티움(BC 657-330)으로 출발하여, 로마 제국(330-1204)·라틴 제국(1204-1261)·동로마 제국(1261-1453)의 콘스탄티노폴리스를 거쳐, 오스만 제국(1453-1922)까지 수도였다. 1922년 수도가 앙카라로 옮겨지면서 구(舊) 수도가 되었다.

콘스탄티노폴리스는 로마·비잔틴 시대의 기독교 발전에 기여했다. 7개의 에큐메니칼 공의회 중 4개의 공의회가 이 도시에서 개최됐다. 하기야 이레네(Hagia Irene)는 콘스탄티누스 대제가 337년에 지었다. '거룩한 평화'라는 뜻의 동방 정교회 건물이었다. 폭동으로 훼손되었으나, 532년 유스티니아누스 1세가 복원했다. 톱카피 궁전 외부 안뜰에 있다. 오늘날 박물관과 콘서트홀로 이용되고 있다.

이스탄불의 하기야 소피아와 술탄 아흐메트 모스크는 대표적 랜드마크다.그림 16

오스만 제국이 설립된 이후 이스탄불은 이슬람교의 중요한 종교 중심지가 되었다. 하기야 소피아 그랜드 모스크는 로마자 표기다. 로마자로 Hagia Sophia Grand Mosque로 표현한다. 튀르키예어로 아야 소피아(Ayasofya Ki-lisesi)라, 라틴어로 상타 소피아라 표현한다. '거룩한 지혜'란 뜻이다. 정교회에서는 말씀이신 성자(聖子) 예수 그리스도를 의미한다. 그리스 기하학자 이시도르와 안테미우스가 설계했다. 오스만 건축가 미마르 시난은 중앙 돔의 일부를 세웠다. 360년에 짓기 시작하여 유스티니아누스 시대인 532-537년 기간에 완성했다. 이 건물은 비잔틴 정교회 대성당(360-1204, 1261-1453), 라틴 가톨릭 대성당(1204-1261), 모스크(1453-1931, 2020-현재), 박물관(1935-2020)으로 변해 왔다. 길이 82m, 너비 73m, 높이 55m다. 예수, 성모 마리아, 기독교 성인, 천사 모자이크는 파괴되거나 회반죽되었다. 이슬람 양식의 강단 민바르, 4개의 첨탑, 키블라(qiblah) 방향을 나타내는 미흐랍이 추가되었다. 키블라는 사우디 아라비아 메카의 카바 신전을 향한 기도 방향을 뜻한다. 1985년 유네스코 세계유산으로 등재되었다.그림 17-19

그림 17 튀르키예 이스탄불의 하기야 소피아 성당

그림 18 **튀르키예 이스탄불의 하기야 소피아 성당 정면**

그림 19 **튀르키예 이스탄불의 하기야 소피아 성당 내부**

그림 20 **튀르키예 이스탄불의 술탄 아흐메트 모스크**

술탄 아흐메트 모스크는 1609-1616년 기간에 건립됐다. 로마자로 Sultan Ahmed Mosque라 표현한다. 비잔틴 시대에 사용했던 콘스탄티노플 대궁전 부지에 세웠다. 내부를 장식하는 이즈니크 타일이 파란색이어서 블루 모스크(Blue Mosque)라고도 한다. 밤에는 조명으로 푸른색을 띤다. 블루 모스크 퀼리예에는 아흐메트의 영묘, 마드라사가 있다. 1985년 유네스코 세계유산으로 등재되었다.그림 20, 21

톱카피 궁전은 오스만 술탄의 거주지였다. 톱카피(Topkapi)는 '새로운 궁전'의 뜻이었다. 후에 '대포문(Cannon Gate)'이란 뜻을 갖게 되었다. 술탄 메흐메트 2세의 명에 의해 1465년에 짓기 시작해 1856년에 완성했다. 왕실 거주지

그림 21 **튀르키예 이스탄불의 술탄 아흐메트 모스크 내부**

(1478-1853), 장교 숙소(1853-1924), 박물관(1924-현재)으로 용도가 변경되어 왔다. 안뜰, 왕실 여성 가족 거주지 하렘, 정자, 정원이 있는 저층 건물이다. 총면적이 592,000-700,000㎡다. 1985년에 유네스코 세계유산으로 등재되었다.

돌마바흐체 궁전(Dolmabahçe Palace)은 '채워진 정원(filled-in garden)'이란 뜻이다. 목조 건물인 초기 건물은 1814년 화재로 소실됐다. 1843-1859년 기간에 건물이 재건됐다. 베르사유 궁전을 모델로 했다. 1856년 술탄 압될메지트 1세부터 궁전으로 사용했다. 1856-1924년까지 오스만 제국 후기 술탄 6명이 살았다. 튀르키예 공화국이 들어서면서 칼리프가 폐지됐다. 1924년 3월 3일부터 궁전은 튀르키예 공화국의 국가 유산이 되었다. 아타튀르크 대통령이 이 곳을 여름 대통령 관저로 썼다. 아타튀르크는 1938년 11월 10일 돌마바흐체 집무실에서 영면했다. 영면한 시각이 오전 9시 5분이었다. 집무실과 침실의 모든 시계는 9시 5분으로 고정되어 있다.그림 22, 23

이스탄불의 탁심 광장(Taksim Square)은 중심 광장이다. 탁심은 '분할, 분배'

그림 22 튀르키예 이스탄불 보스포루스 해협의 돌마바흐체 궁전과 궁전 정문

그림 23 튀르키예 이스탄불 돌마바흐체 궁전의 아타튀르크 거처와 임종 장소

란 뜻이다. 탁심 광장은 이스탄불의 중심지로 사람들이 광장에 모였다가 흩어진다. 레스토랑, 상점, 호텔이 있는 상업 문화 지역이다. 주변에 1943년 개원한 탁심 게지 공원이 있다. 2000년에 개통된 지하철 탁심역이 접근을 수월하게 한다. 튀르키예 공화국 건국을 기념하여 세운 공화국 기념비가 1928년에 세워졌다. 2021년에 아타튀르크 문화 센터와 탁심 모스크가 광장에 건립됐다. 탁심 광장 주변의 아야 트리아다 그리스 정교회는 1880년에 문을 열었다.그림 24

그림 24 **튀르키예 이스탄불 탁심 광장과 공화국 기념비**

　　이스탄불의 그랜드 바자르(Grand Bazaar)는 항상 붐빈다. 튀르키예어로는 카팔르차르슈(Kapalıçarşı)라 한다. '지붕이 덮인 사장'이란 뜻이다. 오스만 제국이 콘스탄티노플을 정복한 직후인 1455년에 시작했다. 메흐메트 2세가 궁전 근처에 직물과 보석 거래 전문 건물을 조성했다. 경제적 번영을 촉진하기 위해서다. 총 면적은 30,700㎡다. 61개 지붕이 있는 상점 거리와 수천개의 상점이 있다. 매일 250,000-400,000명이 방문한다. 2014년의 연 방문객은 91,250,000명으로 집계됐다.

　　갈라타 다리(Galata Bridge)는 남쪽 에미뇌뉘와 북쪽 베요글루 카라쾨이를 연결하는 다리다. 남쪽은 이스탄불의 오래된 역사 지구이고, 북쪽은 상대적으로 새로운 지구다. 갈라타 다리는 Golden Horn이라 불리는 금각만 위에 세워져 있다. 1845-1992년 기간에 네 차례나 건설되었다. 다섯 번째 건설된 현재의 다리는 1994년에 완성되었다. 다리 인근에는 레스토랑이 많다. 다리 위쪽 데크는 낚시터다. 다리 남쪽 근처에 1665년 건립된 '새로운 모스크' 예

니 모스크가 있다. 금각만은 마르마라해와 보스포러스 해협을 지나 이스탄
불로 들어가는 입구다. 만(灣)의 지형적 형태가 뿔 모양이다. 일몰 때에 바다
색이 황금색을 띠는 경우가 있다.그림 25

그림 25 **튀르키예 이스탄불의 갈라타 다리**

그림 26 **튀르키예 이스탄불의 루멜리 히사리**

　　루멜리 히사리(Rumeli Hisari)는 보스포루스 해협에 있는 이슬람 성채였다. 루멜리 히사리는 '해협 차단(strait blocker)성, 목구멍 절단(throat cutter)성'이란 뜻이다. 1451-1452년 기간에 오스만 제국의 메흐메트 2세가 비잔틴 제국의 콘스탄티노플을 포위 공격하기 위해 건설한 요새 성(城)이다. 1453년 콘스탄티노플을 정복했다. 루멜리 하사리는 세관 검문소, 감옥, 대사관 등으로 사용됐다. 1509년 대지진으로 손상되었으나 복구해 사용했다. 현재는 박물관으로 쓰인다. 야외 콘서트, 예술 축제, 특별 행사가 열리기도 한다.그림 26

그림 27 **튀르키예 이스탄불의 위스퀴다르**

위스퀴다르(Üsküdar)는 이스탄불의 아시아 쪽 연안에 위치한 오래된 주거지다. 위스퀴다르는 '무두질한 가죽'이란 뜻에서 유래했다 한다. BC 7세기 비잔티움이 건설되기 전부터 비잔티움 건너편에 있던 정착지다. 1984년에 이스탄불의 지방 자치지역이 되었다. 2018년 기준으로 46.41㎢ 면적에 529,145명이 산다. 보스포루스 해협을 따라 길게 선형(linear pattern)으로 도시가 발달되어 있다. 다리, 보트 택시를 이용해 보스포루스 해협을 건너 유럽 쪽으로 통근한다.그림 27

그림 28 **튀르키예 이스탄불의 제1 다리 보스포루스교**

보스포루스교는 제1 다리라 부른다. 유럽의 오르타쾨이와 아시아의 베이레르베이를 연결해준다. 2016년 7월 15일 쿠데타 시도에 저항하다가 순직한 사람을 기리기 위해 공식적으로 「7월 15일 순교자 다리」로 명명했다. 1973년 완공했다. 다리는 길이 1,560m, 폭 33.4m, 높이 165m다. 두 개의 주탑이 있는 현수교다. 주탑 간 거리는 1,074m다.그림 28

그림 29 **튀르키예 이스탄불의 제2 다리 파티흐 술탄 메흐메트교**

　파티흐 술탄 메흐메트교는 제2 보스포루스 다리라 부른다. 유럽의 히사
뤼스투와 아시아쪽 카바식을 연결해준다. 1453년 비잔틴 제국의 수도 콘스
탄티노플을 정복한 술탄 메흐메트의 이름을 따서 명명했다. 1988년 완공했
다. 다리는 길이 1,510m다.그림 29

그림 30 **튀르키예 이스탄불의 1915년 차나칼레 다리**

    2022년 3월 튀르키예 다르날레스 해협에 현수교 「1915년 차나칼레 (Çanakkale) 다리」가 세워졌다. 다리의 총길이가 4,608m다. 이스탄불에서 남서쪽으로 235km 떨어져 있다. 제1차 세계대전 중 오스만 제국이 영국과 프랑스와의 해전에서 승리한 해를 기념하여 다리 이름에 1915년을 붙였다. 대한민국과 튀르키예가 합작으로 설계하고 건설했다.그림 30

1996년 이스탄불에서 유엔이 주관하는 국제회의가 열렸다. 세계도시 정상회의인 하비타트 II(Urban Summit, Habitat II) 회의였다. 전 세계 190여 개 국가에서 2만 명의 참가자가 모였다. 타슈키슬라 대학에서 비정부기구(NGO) 포럼이 개최됐다. 한국인 참가자는 150여 명으로 미국 다음으로 많았다. 주거 환경 개선에 관한 콘퍼런스, 선언문 발표, 부스를 이용한 홍보 활동이 펼쳐졌다. 베야지트 광장인 자유광장에서 갈라타 다리까지 주거 환경 개선을 위한 매스 퍼포먼스도 전개됐다. 베야지트 광장에는 이스탄불 대학 정문이 있다.그림 31

그림 31 **튀르키예 이스탄불의 하비타트 II**

그림 32 **튀르키예 이즈미르 코낙 광장의 시계탑**

04 지역 도시와 유적지

이즈미르

이즈미르(İzmir)는 아나톨리아 서쪽 끝 에게해 연안에 있는 항구 도시다. 2019년 기준으로 919㎢ 면적에 2,965,900명이 산다. 이즈미르 광역권에는 4,367,251명이 거주한다. 이스탄불과 도로로 478km 떨어져 있다. 기차로는 329km 거리다. 비행기로는 55분 거리다. 앙카라와는 도로로 590km 떨어져 있다. 그리스 아테네 피레우스 항구와는 해로로 401km 거리다.

이즈미르는 스미르나(Smyrna)로 불렸던 도시다. 성경에서 서머나로 나온다. 스미르나는 항구 여건이 좋고, 방어가 용이하며, 내륙과의 연계가 유리하기 때문에 고대 그리스의 전략적 요충지였다. 로마 제국이 통치하면서 이즈미르는 대도시로 성장했다. 오늘날 대부분의 유적지는 2세기 지진 이후 로마 시대에 지은 것이다. 스미르나 아고라는 BC 4세기 헬레니즘 시대에 그리스인에 의해 파고스 언덕 기슭에 건설되었다. 178년 이즈미르에서 일어난 지진으로 파괴되었다. 로마 황제 마르쿠스 아우렐리우스(재위 161-180)가 재건했다. 1933년 발굴했다. 서쪽 스토아 기둥이 남아 있다. 2020년 서머나의 아고라는 「역사적 항구 도시 이즈미르」의 일환으로 잠정 세계유산으로 지정되었다. 1928년 지명을 튀르키예식으로 변경하면서 스미르나는 이즈미르로 바뀌었다.

그림 33 **튀르키예 이즈미르 코낙의 쿨튀르파크**

이즈미르 시계탑은 코낙 광장에 있는 이즈미르의 랜드마크다. 높이가 25m 다. 1901년 완성되었다. 시계탑의 꼭대기가 1928년 규모 6.4 지진과 1974년 규모 5.2 지진으로 파괴되었다. 2016년 튀르키예 쿠데타 시도에 반대하는 시위 동안 시계 타워를 도난당했다. 타워는 2019년에 복원되었다.그림 32

도시 공원 쿨튀르파크(Kültürpark)가 코낙 지구에 있다. 1936년 360,000㎡ 면적으로 설립되었다. 1939년에 420,000㎡로 확장되었다. 이즈미르 시민들이 즐겨 찾는 도시의 휴식처다.그림 33

이즈미르는 오스만 제국에 이어 튀르키예 공화국 시대 초기의 경제 기반을 마련하는 중요한 역할을 했다. 오늘날 이즈미르 경제 구성은 산업 30.5%,

무역과 관련 서비스 22.9%, 운송과 통신 13.5%, 농업 7.8%다. 2018년 기준으로 튀르키예 세금 수입의 10.5%를 담당했다. 이즈미르에 일자리가 풍부해지면서 이즈미르 주변 촌락 지역에서 이즈미르로의 인구 집중 현상이 나타났다. 산업화가 빠르게 진행되는 대도시 지역에서 나타나는 공통적인 도시화 양상이다. 이즈미르 도시에는 차량이 넘쳐났다. 몰려드는 인구 수용에 상응하여 주택이 공급되지 못하게 되자 판자촌 게체콘두가 조성되었다.

이즈미르 남쪽 해안선을 따라 11.4km 뻗어 있는 코낙(Konak)의 알산칵 지구는 이즈미르의 중심 경제지역이다. 산업, 무역, 상업, 서비스 기능이 활성화되어 있다. 2006년 기준으로 60,000개 이상의 기업이 활동한다. 2012년 시점에서 코낙에는 69.40㎢ 면적에 390,682명이 거주한다. 북쪽과 동쪽 해안선을 따라 12km 펼쳐져 있는 카르시야카는 상업, 문화, 교육, 문화 지구다.

카르시야카의 상당 부분을 차지했던 바이라클리 구역이 2008년 3월 6일 독립 구역으로 변경되어 고층 빌딩이 들어섰다. 건물 가운데가 약간 휘어진 모양을 한 빌딩이 포크카트 타워(Folkart Towers)다. 2014년 완공된 주거와 상업 기능 빌딩이다. 높이 200m의 47층 쌍둥이 건물이다. 포크카트 타워 안에 면적 800㎡의 갤러리가 2015년 문을 열었다.그림 34

그림 34 튀르키예 이즈미르의 바이라클리 지구

밧모섬과 소아시아의 일곱 교회

에게 해(海) 파트모스(Patmos)섬은 2011년 기준으로 45.0㎢ 면적에 3,047명이 거주한다. 그리스 섬이다. 성경 요한계시록에서 밧모섬으로 언급되었다. 예수의 제자 성 요한은 95년에 밧모섬에 머물렀다고 설명한다. 1088년에 밧모섬에 그리스 정교회 성 요한 신학자 수도원이 설립됐다. 82개의 신약성경 사본을 포함하여 330개의 사본이 보관되어 있다. 밧모섬 산 중턱에는 묵시록(Apocalypse)의 동굴이 있다. 밧모의 성 요한이 계시의 환상을 받은 지점으로 설명한다. 묵시록의 동굴은 성 요한 신학자 수도원과 함께 1999년 유네스코 세계유산으로 등재되었다.그림 35

소아시아의 일곱 교회는 요한계시록의 일곱 교회다. 예수가 요한에게 말씀하신 교회다. 여기서의 교회는 각 도시에 거주하는 기독교인의 공동체나 지역교회를 말한다. 에베소, 서머나, 버가모, 두아디라, 사데, 빌라델비아, 라오디게아 등 7개 교회다. 모두 튀르키예 아나톨리아 지역에 있다.그림 35

그림 35 **튀르키예 소아시아의 일곱 교회와 에게 해 밧모섬의 「묵시록의 동굴」**

그림 36 **튀르키예 코레소스산 성모 마라아의 집과 밧모섬**

　성모 마리아의 집(House of the Virgin Mary)은 에베소 인근의 코레소스산에 있다. 코레소스산은 셀주크에서 남쪽으로 7km 떨어져 있다. 코레소스산에는 성모 마리아의 집 석조 건물이 있다. 로마 가톨릭 수녀 앤 캐서린 에머리히가 환상에서 보고 책을 썼다. 그녀는 1774-1824년 기간에 활동했다. 1881년 프랑스 신부가 책을 토대로 현지 답사를 통해 확인했다. 성모 마리아의 집에서 사도 요한이 머물렀던 밧모섬이 잘 보인다. 사도 요한은 밧모섬에서 요한 계시록을 집필했다. 예수는 사도 요한에게 어머니 마리아를 보살펴 달라고 말씀한 바 있다. 성모 마리아가 밧모섬을 보며 마지막을 보냈다고 한다. 성모 마리아가 살던 석조 건물은 복원되어 예배당으로 사용된다. 요한 바오로 2세가 이곳을 방문했다. 튀르키예 한인회는 이곳에 「성모 마리아의 집」이란 현판을 헌정했다.그림 36, 37 동방 정교회는 성모 마리아의 무덤이 예루살렘 올리브 산기슭 키드론 골짜기에 있다고 믿는다.

그림 37 **튀르키예 코레소스산 성모 마리아의 집의 성모 동상과 현판**

에베소

성경에서 나오는 에베소는 그리스어로 에페소스, 라틴어로 에페수스, 튀르키예어로 에페스라 한다. BC 10세기 이오니아 그리스의 식민도시로 건설됐다. 항구를 통한 상업으로 부를 축적했다. BC 550년경 아르테미스 신전을 세웠다. 에베소 사람들은 아르테미스를 풍요와 생명의 여신으로 숭배했다. 에베소 중심지에 다산을 상징하는 여신상이 있다. 로마 제국 시대에 도미티아누스 신전, 셀수스 도서관, 24,000명을 수용하는 야외극장이 세워졌다. 로마 시대 에베소 최대 인구는 225,000명으로 추산되었다. 도시의 간선 도로가 상당히 넓어 큰 도시였음을 보여준다.그림 38

그림 38 **튀르키예 에베소의 로마 원형 극장 유적지와 간선 도로**

에베소는 50년대부터 초기 기독교 중심지였다. 사도 바울은 52-54년의 2년 3개월 동안 에베소에 살면서 선교 활동을 펼쳤다. 두란노 학교에서 활동했다. 62년경 로마 감옥에 있는 동안 에베소인들에게 편지를 썼다. 에베소는 항구 기능을 상실하면서 15세기에 몰락했다. 1863-1869년 기간과 1895년에 에베소 유적지가 발굴됐다. 기원후 5년에 사도 바울은 튀르키예 다소에서 출생했다. 다소는 오늘날의 타르수스(Tarsus)다. 타르수스에는 2020년 기준으로 346,715명이 산다. 타르수스는 튀르키예 남부 지중해 연안의 메르신 광역권의 일부 지역이다. 메르신 광역권에는 2021년 시점에서 1,590㎢ 면적에 1,891,145명이 거주한다.

그림 39 **튀르키예 에베소의 셀수스 도서관**

셀수스(Celsus) 도서관은 114-117년에 지었다. 로마 집정관인 셀수스를 위해 그의 아들 아킬라가 건조한 2층짜리 도서관이다. 12,000권의 두루마리가 보관되었다고 한다. 내부는 180㎡로 측정되었다. 높이가 17m다. 262년 지진으로 인한 화재로 도시관 내부가 소실되었다. 10-11세기의 지진으로 외관도 소실되었다. 1970-1978년의 기간에 파사드가 복원되었다.그림 39 에베소는 2015년 유네스코 세계유산으로 등재되었다.

셀주크(Selçuk)는 에베소에서 북동쪽으로 2km 떨어져 있다. 2012년 기준으로 279.85㎢ 면적에 34,587명이 산다. 12세기에 셀주크 튀르크가 이 지역에 들어온 것을 근거로 셀주크라는 지명을 얻었다. 에베소는 오늘날의 셀주크에 해당한다고 설명한다.

트로이

트로이(Troy)는 이스탄불에서 남서쪽으로 258km 떨어진 히사를릭에 있는 고대 도시다. 히사를릭은 '요새의 장소'라는 뜻이며, 고대 도시의 튀르키예

그림 40 **튀르키예 히사를릭의 트로이 목마 조형물**

어 이름이다. 트로이 유적지는 1863년에 영국인 칼버트가 발견했고, 1870
년에 독일인 슐리만이 발굴했다. 트로이-그리스와의 전쟁에 등장하는 트로
이 목마를 조형물로 만들어 놓았다. 트로이는 1998년 유네스코 세계유산에
등재되었다.그림 40

파묵칼레

파묵칼레는 튀르키예 남서부 데니즐리에 있다. 파묵칼레는 '목화(cotton) 성
(castle)'이란 뜻이다. 이즈미르에서 동남쪽으로 223km, 에베소에서 156km
떨어져 있다. 데니즐리 일대에 작용한 장력으로 단층이 발달했다. 이 단층
지형에 35°-36℃의 따뜻한 지하수가 수천 년 동안 산의 경사면을 따라 흘러
내렸다. 물에 포함되어 있는 석회, 탄산칼슘, 미네랄 성분이 지표면에 화학

그림 41 **튀르키예 파묵칼레와 온천장**

적으로 퇴적하여 회색 석회질로 뒤덮여 있다. 파묵칼레 정상 중간지점에 사적지 히에라폴리스(Hierapolis)가 있다. 히에라폴리스는 '신성한 도시'라는 뜻이다. 히에라폴리스에 온천장(Antik Havuzu)이 있다. 깊이가 1-2m다. 히에라폴리스는 로마인들이 파묵칼레 온천에서 피부염 치료를 위해 묵어간 마을이었다 한다. 파묵칼레와 히에라폴리스는 1988년에 유네스코 세계유산으로 등재되었다.그림 41

카파도키아

에르시예스산은 성층(成層)화산이다. 안산암과 용암으로 되어 있다. 정상의 일부가 동쪽으로 무너져 내렸다. 중신세(中新世)에 형성되기 시작해 칼데라가 만들어졌다. 홀로세 때 분출했고 플라이스토세에 빙하가 형성됐다. '하얀' 뜻의 에르시예스산은 높이가 3,917m다.

에르시예스산 인근에 카파도키아(Cappadocia)가 있다. 아나톨리아 고원에 있는 화산 지역이다. 고원은 1,000m 이상의 대지다. 카파도키아는 히타이

그림 42 **튀르키예 카파도키아 괴레메의 화산 지형 경관**

트어로 '저지대(low country)'란 뜻의 카트파투카(Katpatuka)에서 유래했다. 그리
스어로 음차(音借)되면서 「카파도키아」로 바뀌었다. 튀르키예어로는 카파도
캬(Kapadokya)라 한다. 화산재와 용암이 쌓여 만들어진 응회암과 용암층은 고
온에서 흰색으로, 저온에서 적갈색, 주황색으로 굳어졌다. 카파도키아는 앙
카라에서 남동쪽으로 331km 떨어져 있다.

　카파도키아는 하투사를 중심으로 한 히타이트의 고향이다. 히타이트는
BC 1650-BC 1178년에 아나톨리아에 존재했던 제국이었다. BC 320-17년
기간에 카파도키아 왕국이 존재했다. 70년 로마의 속주가 됐다. 기독교인
들이 박해를 피해 이곳에 지하도시를 짓고 살았다. 주거 생활은 비잔틴 시

대에도 계속 이어졌다. 1071년 셀주크 투르크가 들어왔다. 그리스인 마을이 형성됐다. 카파도키아는 오스만 제국의 통치 지역으로 존속했다. 1922년 이후 튀르키예 공화국이 관리하는 지역으로 바뀌었다. 오늘날 카파도키아에는 네브셰히르, 카이세리, 악사라이, 니그데의 4개 행정 구역이 있다.

카파도키아의 괴레메(Göreme), 위르귀프(Ürgüp), 우치사르(Uçhisar), 데린쿠유(Derinkuyu), 카이마클리(Kaymakli)는 중요한 랜드마크다. 괴레메 국립공원과 카파도키아 암석 유적지가 1985년 유네스코 세계유산에 등재되었다.

그림 43 **튀르키예 카파도키아의 둥굴 주거지와 계단**

괴레메 마을은 네브셰히르주에 있다. 괴레메는 '볼 수 없는 곳'이라는 뜻이다. 100㎢ 면적에 2,000명이 거주한다. BC 1800-BC 1200년 히타이트 시대에 정착이 시작된 것으로 보고 있다. 고대 로마 시대에 본격적으로 주거지가 조성됐다. '수도승의 계곡'으로 불리는 파샤바그 계곡에는 원뿔 모양의 「요정 굴뚝」 암석이 있다. 괴레메에는 오랜 세월의 풍화에 의해 형성된 다양한 화산 지형의 암석 경관이 나타난다.그림 42 괴레메에는 암석 가옥, 암

그림 44 **튀르키예 카파도키아 괴레메의 어두운 교회**

석 레스토랑, 비둘기 집 등이 있다. 괴레메 국립공원(Göreme National Park)은 열
기구 타기, ATV 투어, 가이드 안내 등을 이용하여 관찰할 수 있다. 카파도키
아 라임스톤으로 불리는 화산암은 쉽게 팔 수 있다. 사람들이 계단을 이용해
암석 주거지를 만들어 살았다. 실내에는 양탄자를 깔아 주거 생활이 가능토
록 했다.그림 43

　10-12세기에 동굴 교회가 건립됐다. 괴레메의 어두운 교회(Karanlik Kilise, 카
란리크 킬리세)는 11세기에 세워진 동굴 교회다. 1950년대까지 비둘기 집으로 사
용됐다. 14년간 비둘기 배설물을 긁어내 벽에 그려진 프레스코화를 복원했
다. 하나의 교회 창으로 빛이 적게 들어 와서 안료의 손상이 적었던 것으로 설

그림 45 **튀르키예 괴레메 어두운 교회의 그리스도 판토크라토르와 헬레나-콘스탄티누스**

명한다. 그리스도 판토크라토르, 최후의 만찬, 헬레나와 콘스탄티누스, 십자가에 못 박히심 등을 나타내는 프레스코화가 그려져 있다.그림 44, 45

위르귀프는 네브셰히르주에 있는 마을이다. 2012년 기준으로 562.85㎢ 면적에 19,116명이 산다. 고도 1,043m에 위치한다. 위르귀프 광역권에는 35,000명이 거주한다. 위르귀프를 중심으로 한 카파도키아는 튀르키예 와인 생산지다. 투라산 와이너리(Turasan Winery)는 카파도키아 와인의 60%를 공급한다.

우치사르는 네브셰히르주에 있는 정착촌이다. 괴레메 국립공원의 가장자리에 입지했다. 위르귀프 서쪽 12km에 있다. 2014년 기준으로 3,860명이 산다. 농업과 관광으로 생활한다. 7세기에 비잔틴 사람들이 이슬람의 확장을 막으려고 이 지역에「완충지대」를 만들었다. 이 지역을 점령한 이슬람은 방어 중심지

로 활용했다. 우치사르는 해
발 고도 1,270m에 위치해 있
다. 높이 60m의 산 위에 원통
형 탑의 형태로 마을이 조성
됐다. 마을 근처 계곡 절벽에
비둘기장이 설치됐다. 비둘
기장에 둥지에서 나오는 배설
물은 연료로 사용됐다.그림 46

카파도키아의 지하도시는
데린쿠유와 카이마클리 지하
도시가 대표적이다. 데린쿠
유 지하도시는 외부에서 전혀
알 수가 없게 지어졌다. 둥근
바퀴모양의 돌덩이가 비상 통
로로 출입하는 문 역할을 했
다.그림 47 데린쿠유는 '깊은
우물'이란 뜻이다. 4세기 비
잔틴 시대부터 1923년까지
「말라코페아」라 불렸던 지
역이다. 780-1180년의 아랍-

그림 46 **튀르키예 카파도키아의 우치사르 마을**

비잔틴 전쟁 동안 데린쿠유 지하도시는 피난처로 크게 확장됐다. 14세기 몽
골 침략과 오스만 제국의 박해를 피해 사람들이 계속해서 지하도시에 살았
다. 1923년 그리스와 튀르키예 간 인구 교환이 이뤄져 지하 도시의 기능이

그림 47 **튀르키예 카파도키아의 지하도시 데린쿠유 외부 경관과 입구**

정지됐다. 1963년에 발굴되었다.

지하 8층까지 85m 깊이의 지하 도시에 최대 20,000명이 살 수 있었다. 교회, 학교, 침실, 부엌, 우물, 식료품점, 포장 마차, 와이너리, 환기 시설을 갖췄다.그림 48 특색있는 기호로 길을 표시해 외부 침입자가 알 수 없게 미로를 뚫어 놓았다.

카이마클리 지하도시의 옛 이름은 에네굽(Enegup)이었다. 카이마클리 지하도시와 데린쿠유 지하도시는 지하 터널로 연결되었다. 카이마클리 지하도시는 데린쿠유에 비해 더 낮고, 좁으며, 경사가 심했다. 여러 개의 구멍이 있는 화산암인 안산암이 냉동 기능을 했다. 오늘날 카이마클리 지하도시는 마굿간, 지하실, 저장실 등으로 사용된다.

튀르키예의 인구 구성에서 튀르키예인이 80%다. 공용어는 튀르키예어다. 언어 사용 비율은 튀르키예어 84.54%, 쿠르드어 11.97%, 아라비아어

1.38%다. 튀르키예는 농산물, 와인, 섬유, 자동차, 운송 장비, 건축 자재를 생산한다. 건설업이 활성화되어 있다. 2022년 튀르키예 1인당 GDP는 8,081달러다. 노벨상 수상자는 문학과 화학 분야에 각 1명이 있다. 튀르키예에는 공식적인 국교가 없다. 2016년 설문에서 이슬람교도는 전체 인구의 82%로 조사됐다. 기독교도는 2%다.

수도 앙카라, 옛날 수도 이스탄불, 이즈미르는 튀르키예 주요 도시다. 밧모섬과 소아시아의 일곱 교회, 에베소, 트로이, 파묵칼레, 카파도키아 등은 튀르키예의 유적지다.

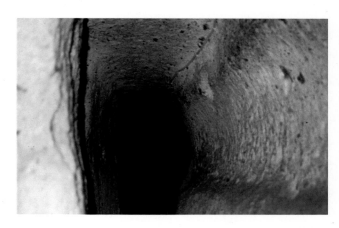

그림 48 **튀르키예 카파도키아 지하도시 데린쿠유의 와이너리와 환기 시설**

이라크 공화국

그림 1 **이라크 국기**

01 이라크 전개 과정

이라크의 공식 명칭은 이라크 공화국이다. 이라크어로는 Jumhūriīyet al-ʿIrāq(줌후리얏 알이라크)라 한다. 로마자로 al-ʿIrāq라 표기한다. 영어로는 Republic of Iraq로 표현한다. 약칭으로 이라크, Iraq로 칭한다. 수도는 바그다드다. 438,317㎢ 면적에 2020년 기준으로 40,222,503명이 거주한다.

아랍어 국명 al-ʿIrāq(알이라크)는 BC 6세기 이전부터 사용됐다. '도시', '저지대', '깊은 뿌리, 물이 풍부한, 비옥한'이란 뜻이다.

이라크의 국기는 빨간색, 흰색, 검은색의 3색기다. 범 아랍 색상이다. 3색이 동일한 크기의 가로 띠로 이루어져 있다. 흰색 줄무늬 중앙에는 녹색 쿠픽(Kufic) 문자로 타크비르(Takbir, Allahu akbar)가 쓰여있다. 타크비르는 '신은 위대하다(God is great)'는 뜻이다. 빨간색은 국가의 용기와 투쟁을, 흰색은 이라크의 미래와 국민의 관대함을, 검은색은 이슬람 종교의 억압과 승리를 나타낸다. 1921년부터 이라크 국기가 사용됐다. 현재의 국기는 2008년 1월 22일에 제정되었다.그림 1

이라크의 지형은 대부분 저지대다. 국토는 티그리스강과 유프라테스강 하류 충적평야, 티그리스강과 유프라테스강 상류 지역, 유프라테스강 서쪽의 사막, 북부 이라크 고원으로 구성되어 있다. 충적(沖積)평야는 국토의 3분의 1을 차지한다. 자연 배수가 여의치 않아 소택지(沼澤地)가 넓게 형성되어 있다. 사막지대는 국토의 40%를 점유한다. 이라크 고원에는 동쪽에서 서쪽으로 뻗어 있는 신자르(Sinjar) 산맥이 있다. 높이 1,463m의 높은 봉우리가 있다.

2005년 헌법에서 아랍어와 쿠르드어를 공식 언어로 규정했다. 이라크인 60%가 표준 아랍어를 쓴다. 투르크멘어, 시리아어, 아르메니아어도 공용어다. 영어도 사용한다. 2019년 기준으로 인종 구성은 메소포타미아 아랍인 75%, 쿠르드족 15%, 기타 10%다.

2021년 시점에서 이라크의 공식 종교는 이슬람교다. 이라크인 95%가 이슬람교를 믿는다. 이라크에서 인정하는 종교는 기독교, 만다교, 야지교다.

이라크는 1918년까지 오스만 제국의 지배를 받았다. 모술, 바그다드, 바스라가 중심이었다. 1918-1932년 기간에 대영 제국이 통치했다. 1932년 10월 3일에 영국으로부터 독립했다. 1958년 7월 14일 이라크 공화국이 되었다. 1980-1988년 이란-이라크 전쟁과 1990년의 걸프 전쟁을 치렀다. 이라크는 걸프 전쟁에 패전해 유엔의 경제제재를 받았다. 연이은 전쟁으로 이라크는 사회 시스템이 붕괴되었다. 2005년 10월 15일 현행 헌법을 채택해 오늘에 이른다.

이라크 경제는 석유 부문이 지배한다. 2021년 기준으로 외환 수익의 92%가 석유다. 미군과 연합군은 이라크 국내 총생산의 90%를 차지하는 카우르 알 아마야(Khawr Al Amaya) 석유 플랫폼과 알 바스라 석유 터미널을 지킨다. 2022년 이라크 1인당 GDP는 7,038불이다. 이라크 노벨상 수상자는 평화상 1명이 있다.

02 메소포타미아

메소포타미아(Mesopotamia)는 티그리스강과 유프라테스강 유역의 땅이다. 오늘날 이라크의 일부 지역이다. 고대 문명 발상지 가운데 하나다. 메소는 '사이(middle)', 포타는 '강(river)', 미아는 '땅, 도시'를 뜻한다.

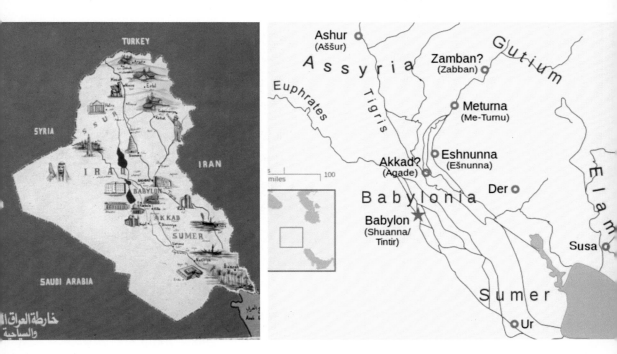

그림 2 **메소포타미아의 수메르, 아카드, 바빌론, 아시리아 문명**

메소포타미아는 지리적 여건이 좋아 외부와의 교류가 빈번했다. 두 강 유역은 비옥하여 항상 여러 민족이 침입하는 요인이 되었다. 국가의 흥망과 민족의 교체가 빈번해 개방적이고 역동적인 문화를 지니게 되었다.

메소포타미아 문명은 원시, 청동기, 철기 시대로 이어졌다. 이 가운데 수메르, 아카드, 바빌론, 아시리아 시대에 도시 문명이 발달했다.그림 2

수메르와 아카드

수메르(Sumer)는 BC 4500-BC 1900년 기간에 메소포타미아 남부에 발달한 문명이다. 수메르는 '문명화된 왕의 땅'이란 뜻이다. 수메르 역사는 우바이드, 우루크(BC 4100-BC 2900), 초기 왕조(BC 2900-BC 2334), 아카드(BC 2334-BC 2154), 구티, 우르 제3왕조로 전개됐다. 제3 왕조는 BC 2112-BC 2004년 기간 존속했다.

수메르에서는 바퀴, 문자, 범선, 관개 농업 기술 등이 발달했다. 수메르 인은 그림 문자, 설형 문자, 표의 문자를 사용했다. BC 3000년경부터 쐐기모양의 설형문자(楔形文字, cuneiform)를 썼다. 갈대의 뾰족한 끝으로 점토판을 눌러 쐐기 모양의 문자를 새겨 넣었다. 천문학과 점성술이 펼쳐졌다.

초기 도시로 에리두(Eridu), 우루크, 우르, 라르사, 이신(Isīn), 라가시(Lagash), 니푸르(Nippur), 키시 등이 발달했다.그림 3

우루크는 수메르 초기 도시 문화를 주도했다. BC 3100년경 도시 인구가 40,000명이었다. 주변에는 80,000-90,000명이 거주했다. 길가메시(Gil-gamesh) 왕이 우루크를 통치했다. 통치 기간은 BC 2900-2700년 사이였을 것으로 추정했다.

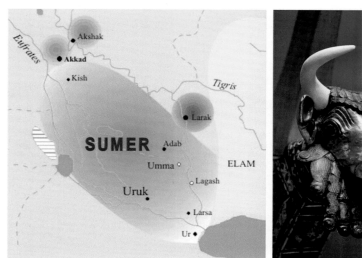

그림 3 **메소포타미아의 수메르와 우르의 「황소머리 거문고」**

　우르의 「황소머리 거문고」는 BC 2550-BC 2450 기간에 제작됐다. 머리 크기는 길이 40cm, 폭 25cm, 깊이 19cm다. 머리, 얼굴, 뿔은 모두 금박으로 싸여 있다. 머리카락, 수염, 눈은 청금석으로 되어 있다.그림 3

　우르(Ur)는 수메르 시대에 번창했던 도시다. 유프라테스강 하류에 위치한 우르는 비옥한 충적지를 활용해 문명을 꽃피웠다. 수메르인은 유목민인 셈족을 받아들였다. 셈족은 유목민으로 유대인과 아랍인의 조상이다. 우르는 우상을 섬기는 곳이었다. 성경 창세기에 의하면 하나님이 우르에서 아브라함을 불러내 가나안 땅으로 이주시켜 유대인의 조상을 만들었다. 아브라함이 태어난 시기는 BC 2166년이다. 이라크 대통령 사담 후세인이 우르에 정착한 아브라함의 생가를 복원했다. 복원한 아브라함의 생가에는 수십 개의 방과 하수구 시설이 있다.그림 4

그림 4 메소포타미아 우르의 아브라함 복원 생가

우르남무(Ur-Nammu) 왕은 수메르 우르 제3왕조 창시자다. 그는 BC 2100년 경에 지구라트(Ziggurat)를 건설했다. 지구라트 신전에서 달의 신 난나(Nanna)에게 제사를 지냈다. 지구라트는 역청으로 고정해 구운 벽돌과 단단한 진흙 벽돌로 견고하게 지은 3층짜리 신전이다.그림 5 가장 낮은 층은 우르남무의 원래 구조물이다. 두 개의 상부층은 신바빌로니아 때 수복되어 만든 구조물 일부다. 신전 건축에 아치(arch) 문과 둥근 천장(dome)을 만들었다. 사담 후세인이 가장 낮은 층의 파사드와 기념비적인 계단을 재건했다.그림 6

그림 5 **메소포타미아 우르의 지구라트와 왕궁 유적**

그림 6 **메소포타미아 우르의 지구라트 접근 계단**

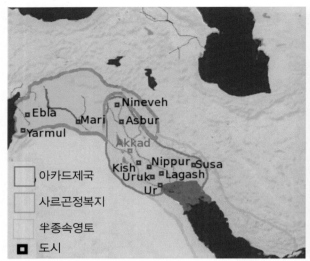

그림 7 **메소포타미아 아카드 제국 영토와 통치자의 청동 두상 가면**

　　아카드(Akkad) 제국은 BC 2334-BC 2154년 기간에 수메르 북부에 존속했던 셈족 제국이다. 사르곤(Sargon) 왕(재위 BC 2334-BC 2279)이 수메르 도시들을 정복해 메소포타미아 통일 국가를 건설했다. 궁병대(弓兵隊) 군대와 중앙 집권적 정치제도를 구축했다. 주변 지역에서 반란이 일어나고 이란 고원에서 침입해 온 구티족에 의해 멸망했다. 1931년 니네베에서 아카드 제국 통치자의 청동 두상(頭像) 가면이 발굴되었다. 사르곤 왕이거나 사르곤 왕의 손자인 나람신으로 추정했다.그림 7

바빌론

바빌론(Babylon)은 바그다드 남쪽 85km 지점에 있다. '신(God)의 문'이란 뜻이다.

BC 1894년 셈족의 일파인 아모리인이 바빌론을 세웠다. BC 1894-BC 1595년 사이에 바빌론은 바빌로니아 제국의 수도였다. 함무라비(Hammurabi) 왕 때 바빌론은 세계의 도시로 성장했다. 함무라비 왕은 BC 1792-BC 1750년 기간 재위하면서 중앙 집권을 통해 바빌로니아 제국의 영향력을 확대했다. 재임 기간 동안 함무라비 법전을 완성했다. 함무라비 법전은 282개 규칙으로 구성됐다. 가해자의 신체적 처벌을 강조한 법전이다. 유죄가 입증될 때까지 피고가 무죄로 간주되는 무죄 추정의 원칙을 확립했다. 바그다드에 함무라비 석상이 세워져 있다.그림 8

그림 8 **함무라비 왕 동상과 바빌로니아 제국**

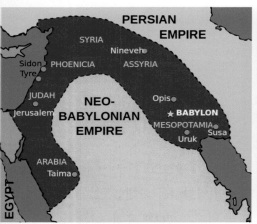 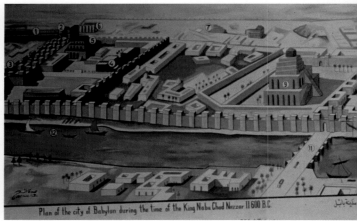

그림 9 신바빌로니아 제국과 네부카드네자르 성 벽화

BC 1595-BC 1155년 사이에 바빌론은 카사이트 왕국의 지배를 받았다. 바빌론은 오랫동안 분열과 혼란이 계속되다가 BC 689년 아시리아에 의해 통일됐다. BC 722년 아시리아는 북이스라엘을 정복했다.

BC 626년 칼데아인이 아시리아를 몰아냈다. 바빌론은 신바빌로니아 제국(BC 626-BC 539)의 수도가 되었다. 네부카드네자르 2세 때 바빌론은 번성했다. 그는 BC 604-BC 562년 기간에 재위했다. 네부카드네자르 2세 때 바빌론에는 10㎢ 면적에 150,000명이 거주했던 것으로 추산했다. 네부카드네자르 2세는 성경에서 느부갓네살로 나온다. 네부카드네자르는 '나부, 내 상속인을 지켜라'를 뜻한다. 그는 BC 612년에 아시리아의 수도 니네베를 정복했다. BC 586년에는 남유다왕국을 점령했다. 유대인 포로를 유프라테스 강변으로 끌고와 살게 했다. BC 586-BC 538년 기간에 전개된 바빌론 유수(幽囚) 사건이었다. 그는 수도 바빌론을 정비하여 성벽을 쌓았다. 성곽 벽면에 네부카드네자르 2세가 축조했다는 성채 그림이 그려져 있다. 성벽 주위에 도랑을 파서 해자(垓字)를 만들고 성문을 구축했다.그림 9 1983년 이라크 대통령 사담 후세인이 바빌론의 네부카드네자르 성채를 복원했다.그림 10

그림 10 **이라크 바빌론의 복원된 네부카드네자르 성채**

그림 11 **이라크 바빌론 네부카드네자르 성문과 독일 페르가몬 박물관의 이슈타르 성문**

　　네부카드네자르 성문은 사랑과 풍요의 여신 이슈타르의 이름을 따서 이슈
타르(Ishtar) 성문이라 했다. 바빌론에는 복원된 성문이 설치되어 있다. 독일 베
를린 페르가몬 박물관에는 작은 크기로 재건된 이슈타르 성문이 있다.그림 11
이슈타르 성문에는 성수(聖獸) 무슈슈슈(mushkhushshu)가 그려져 있다. 메소포
타미아 신화 속에 나오는 무슈슈슈는 뿔 달린 뱀 대가리, 기린 목, 비늘 돋은
몸통, 독수리 발톱, 뱀같은 혀를 가졌다. 성문에는 날씨와 농업의 신 아다드
(Adad)도 그려져 있다. 무슈슈슈와 아다드는 바빌론 수호신 마르둑(Marduk)의
상징이었다.그림 12 네부카드네자르 2세는 왕비 아미티스를 위해 바빌론의 공
중정원(空中庭園)을 만들었다. 그는 현무암 재질로 사자상(Lion of Babylon)도 만
들었다. 사자 석조의 무게는 7,000kg, 동상의 높이는 1m, 길이는 2m다. 사
자가 인간 위에 서있다. 사자 같은 위용의 왕이 백성을 보호한다는 뜻이라고
한다.그림 13 함무라비 시대를 바빌론의 황금시대라 하고, 네부카드네자르 2
세 시대를 바빌론의 부흥시대라 한다.

BC 539년 바빌론은 페르시아에 의해 정복당했다. BC 538년 유대인은 예루살렘으로 돌아갔다. BC 331년에 마케도니아의 알렉산더 대왕이 바빌론을 정복했다. 헬레니즘 문화가 유입됐다. 그는 신전을 복구하고 무역 육성을 위한 부두를 건설했다. 알렉산더 대왕은 BC 323년 네부카드네자르 궁전에서 운명했다. 알렉산더 대왕이 묵었던 침실로 알려진 곳을 복원해 놓았다.그림 14 BC 320년에 바빌론에는 200,000명이 거주한 것으로 추정했다. BC 141년 파르티아가 바빌론을 점령했다. 사산조 페르시아를 거쳐 900년간 바빌론은 페르시아 영토로 존속했다. 페르시아 영토가 된 이후 바빌론은 유적지로 바뀌었다. 2009년부터 일반인에게 바빌론 유적이 공개됐다. 바빌론은 2019년 유네스코 세계유산으로 등재되었다.

그림 12 **이라크 바빌론 수호신 마르둑의 상징인 무슈슈슈와 아다드**

그림 13 **이라크 바빌론의 사자상**

그림 14 **이라크 바빌론 네부카드네자르 성채의 알렉산더 복원 침실**

아시리아

아시리아(Assyria)는 메소포타미아에 존재했던 제국이다. 앗수르 또는 앗시리아라고도 한다. 아시리아는 '아수르(Assur) 신(神)의 나라'라는 뜻이다. 아시리아인의 고향은 티그리스강에서 아르메니아에 이르는 산악 지방이다. 오늘날 이라크, 시리아, 튀르키예, 이란에 아시리아의 문화가 남아 있다. 청동기-철기 시대인 BC 2450-BC 609년 기간에 존속했다. 초기 아시리아(BC 2500-BC 2025), 고대 아시리아 제국(BC 2025-BC 1364), 중세 아시리아 제국(BC 1363-BC 912), 신아시리아 제국(BC 911-BC 609), 제국 이후(BC 609-240)로 나눈다. 아시리아 제국의 수도는 앗수르(2025-1233), 카르투쿨티니누르타(BC 1233-BC 1207), 앗수르(BC 1207-BC 879), 님루드(BC 879-BC 706), 두르샤루킨(BC 706-BC 705), 니네베(BC 705-BC 612), 하란(BC 612-BC 609)으로 변화되었다.그림 15 아시리아인은 셈어를 사

그림 15 고대 아시리아 중심지 ■ 와 BC 7세기 신아시리아 제국의 영토 ■

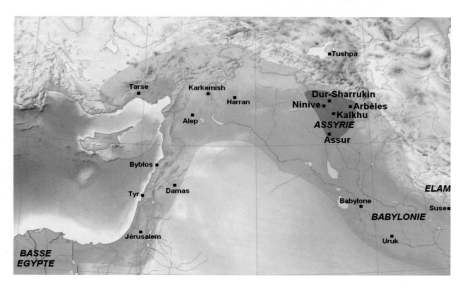

그림 16 **메소포타미아 아시리아의 라마수**

용했다. 아시리아 제국은 강한 군대, 혁신적 행정 시스템, 통합 통치력으로 오랜 기간 존속했다. BC 722년 신아시리아는 북이스라엘을 정복했다. 신아시리아의 사르곤 2세와 그의 아들 산헤립은 남유다왕국 예루살렘을 포위했으나 함락하지는 못했다. BC 609년 신아시리아 제국은 신바빌로니아 제국과 메디나 제국에 의해 멸망했다.

아시리아의 수도였던 님루드에 라마수(La-massu) 유적이 있다. 「사람머리 형상의 날개달린 사자상 *Human-headed winged lion*」이라 한다. BC 883-869년 기간 신아시리아 아슈르나시르팔 2세 재위기에 제작됐다. 높이 3.1m다. 라마수는 아시리아의 수호신이다. 인간, 새, 황소, 사자의 잡종으로 묘사됐다. 「날개 달린 사자상」은 님루드 아슈르나시르팔 2세의 왕궁 출입구에 설치되어 있다. 악으로부터 왕을 수호한다는 의미다. 석상의 뿔 달린 모자는 고대 근동의 신을 나타낸다. 사자상의 다섯 개 다리는 정면에서 보면 서 있는 자세로 보인다. 측면에서 보면 앞으로 걸어가는 것처럼 보인다. 두 시점에서 관찰되는 초자연적인 수호력을 표현한다.그림 16 아슈르나시르팔은 "아슈르신은 후계자를 수호하시다"라는 뜻이다. 그는 BC 879년 신수도 카르프를 건설했다. 카르프는 님루드를 말한다. 사르곤 2세는 BC 706년 두르샤루킨으로 천도하기까지 님루드 궁전에서 통치했다.

니느웨(니네베)는 BC 705-BC 612년 기간 동안 신아시리아의 수도였다. 7.5㎢ 면적이었다. 오늘날 이라크 북부 모술(Mosul)의 티그리스강 동안(東岸)에 있었다. 산헤립(센나케립, Sennacherib)은 BC 704-681년 기간에 니느웨를 건설했다. 그는 BC 705년 부왕 사르곤 2세가 있던 수도 두르사루킨(코르사바드)에서 니느웨로 천도했다. 그는 니느웨 도시 주변에 15개의 문을 만들었다. 공원, 정원, 수로, 운하, 관개용 도랑을 구축했다. 니느웨 궁전의 방은 80개였다. '경쟁대상이 없을 만한 궁전'이라고 선언했다. 니느웨 성문은 20세기에 재건되었다.그림 17 성서『요나서』에 나오는 니느웨는 니네베(Nineveh)라 불린다. BC 8세기에 히브리 선지자 요나는 니느웨로 가라는 신의 명령을 받았다. 설교를 통해 니느웨를 회개시키라는 부르심이었다. 요나는 명령을 피해 달아나다가 큰 물고기의 배 속에 들어갔다. 그는 살아난 후 신의 부르심에 따라 니느웨를 회개시켰다. 요나가 기도하다가 그곳에서 운명했다. 요나가 죽어 묻힌 곳으로 추정되는 무덤 위에 기독교 교회가 세워졌다. 니느웨 성벽과 성문

그림 17 **메소포타미아 아시리아의 복원된 니느웨 성문**

그림 18 **메소포타미아 아시리아 니느웨의 요나 모스크**

에 가까운 거리였다. 이라크가 이슬람화되면서 이곳은 이슬람 모스크로 바뀌었다.그림 18 니느웨는 BC 612년에 신바빌로니아에게 함락되었다.

하트라(Hatra)는 로마 제국과 파르티아 제국 시대 사이에 존재했던 아랍 왕국 하트라의 수도였다. 파르티아의 대표적인 원형 요새 도시였다. BC 2세기경부터 종교 도시, 대상 도시, 군사 기지로 번영했다. 241년 파괴되었다. 하트라는 이중으로 성곽이 둘러싸여 있었다. 하트라 성에는 여신 샤히로의 동상과 사람 머리 부조상(浮彫像)이 남아 있다.그림 19

사마라(Samarra)는 바그다드에서 북쪽으로 125km 떨어져 있다. 티그리스 강 동쪽 제방에 입지했다. 2003년 기준으로 348,700명이 산다. 아바스 왕조의 수도였다. 847-851년 기간에 완성한 사마라 대(大) 모스크가 있다. 모스크는 1278년 파괴됐으나, Malwiya Minaret(나선형 첨탑)은 남아 있다. Malwiya(말위야)는 '달팽이 껍질'이란 뜻이다. 나선형 첨탑은 이슬람을 알리기 위한 성소였다. 나선형 계단을 걸어 올라가 하늘로 가는 듯한 원뿔 모양이다. 첨탑은 한 변이 33m인 정사각형 받침대 위에 세워졌다. 높이가 52m다. 사마라는 2007년 유네스코 세계유산으로 등재되었다.그림 20

그림 19 **이라크 하트라 성 유적과 여신 샤히로의 동상**

그림 20 **이라크 사마라 나선형 첨탑과 사마라 대모스크**

그림 21 **이라크의 수도 바그다드 : 티그리스강, 국경 검문소, 시가 경관**

03 수도 바그다드

바그다드(Baghdad)는 이라크의 수도다. 티그리스 강변에 입지했다. 2018년 기준으로 673㎢ 면적에 8,126,755명이 거주한다. 이라크는 육로로 갈 수 있다. 걸프 전쟁 이후 항공로와 해로 접근이 어려워졌다. 요르단의 암만에서 이라크의 바그다드까지 876.3km 거리를 육로로 가야 한다. 요르단과 이라크가 연결되는 지점에 국경 검문소가 있다. 검문은 매우 엄격하다.그림 21

762년 아바스 왕조가 계획도시로 건설해 수도로 정했다. 하룬 알 라시드(재위 786-809) 때 번성했다. 1258년 몽골 제국이 침공했다. 1534년 오스만 제국이, 1917년 영국이 바그다드를 점령했다. 1921년 이라크 왕국으로 독립하면서 수도가 되었다. 2003-2017년 기간 동안 진행된 전쟁과 내전으로 도시 기반 시설과 문화재가 파괴되었다.

무타나비 거리(Mutanabbi Street)는 바그다드 구시가지에 있다. 10세기 이라크 고전 시인 알 무타나비의 이름을 따서 명명했다. 서점과 책 가판대가 늘어서 있다. 바그다드의 문맹 퇴치와 지식인 커뮤니티의 심장이라고 불린다. 2007년 무타나비 거리에서 테러가 있었다. 2008년에 손상 부분을 수리하여 재개했다. 바그다드는 여러 어려움을 극복하면서 도시 활성화를 위한 여러 도시 재건 작업이 진행 중이다.그림 21

1926년 바그다드 고고학 박물관이 개관됐다. 1966년에 티그리스강 동쪽

그림 22 **이라크 바그다드의 이라크 박물관과 나부의 동상**

바그다드 알 카르크 지역으로 옮겼다. 박물관 이름을 이라크 박물관으로 바꿨다. 2층짜리 45,000㎡ 건물이다. 메소포타미아, 아바스 왕조, 페르시아 문명 유물이 전시되어 있다. 2003년 이라크 전쟁으로 유물이 약탈당했다. 2015년에 재개장했다. BC 8세기 아시리아 지혜의 신(神) 나부의 동상이 이라크 박물관 앞에 서있다. 그림 22

　　바그다드 중심부 타흐리르 광장에 자유 기념비 조각상이 있다. 타흐리르 광장은 해방광장으로 불린다. 이라크의 독립을 기념하여 1961년에 세웠다. 25개의 인물상(人物像)을 나타내는 14개의 청동 주물이 조각되어 있다. 기념비는 높이 10m, 길이 50m다. 자유 기념비 조각상은 1995년의 250 디나르 지폐와 2013-2015년의 10,000 디나르 지폐에 실렸다.

04 모술

모술(Mosul)은 니느웨 주의 주도다. 바그다드에서 북서쪽으로 400km 떨어져 있다. 티그리스강이 흐른다. 강 동쪽의 니느웨 유적지와 강 서쪽의 구시가지로 나뉜다. 2021년 기준으로 180㎢ 면적에 1,683,000명이 산다. 모술 중심 시가지는 중·대도시 기능이 이뤄지고 있음을 보여 준다.그림 23 아랍인, 쿠르드족, 기독교 아시리아인, 이라크 투르크멘이 거주한다. 모술 시민은 수니파 이슬람교와 기독교를 믿는다.

모술에서는 모슬린(Muslin) 직물과 대리석이 생산된다. 「모슬린」이란 말은 모술에서 이름을 따왔다. 섬세하게 손으로 짠 쉬어부터 거친 시트까지 제작되는 면직물이다. 17세기

그림 23 **이라크 모술의 중심 시가지**

와 18세기에 벵골의 다카에서 질좋은 모슬린이 생산됐다. 티그리스강 유역은 자지라라 불리는 평야로 곡물과 과일이 생산된다. 모술, 키르쿠크 등지에서 석유가 생산된다. 마르코 폴로는 『동방견문록』에서 무솔리니(Mussolini) 성을 가진 이탈리아인은 모술 상인의 후예라고 말했다.

티그리스강의 길이는 1,900km다. 튀르키예 아나톨리아 하제르 호수와 반 호수에서 발원한 물줄기는 튀르키예 토로스 산맥을 거쳐 이라크 남부 알 쿠르나에서 유프라테스강과 합류한다. 모술에 흐르는 티그리스강의 아침과 저녁 경관은 아름답다. 티그리스강 위 하늘에는 까마귀가 날아다닌다.그림 24

모술에 있는 성 토마스 교회는 시리아 정교회다. 성 토마스가 모술에 머무는 동안 살았던 집터에 지어진 교회로 추정한다. 770년에 처음 언급됐다. 현재 구조는 13세기에 지은 것으로 보인다. 1743년 이후 여러 차례 손상되었으나 1848년에 보수되었다. 1964년 복원 과정에서 성 토마스의 손가락 뼈가 발굴됐다. 모술 그랜드 모스크(Mosul Grand Mosque)는 건축 중이다. 티그리스강변 타카파 지역에 있다. 사담 후세인 때 짓기 시작했다.

이라크는 아랍어와 쿠르드어를 공식 언어를 사용한다. 이라크 경제는 석유에 의해 지탱된다. 2022년 이라크 1인당 GDP는 7,038달러다. 이라크 노벨상 수상자는 평화상 1명이 있다. 이라크의 공식 종교는 이슬람교다. 이라크인 95%가 이슬람교를 믿는다.

그림 24 **이라크 모술의 티그리스강**

아랍에미리트 연합국

그림 1 **아랍에미리트 국기**

01   아랍에미리트 전개 과정

아랍에미리트 연합국은 아랍어로 Dawlat al-ʾImārāt al-ʿArabīyah al-Muttahidah(다울라툴 이마라툴 아라비야툴 무타히다)라 한다. 영어로 United Arab Emirates로 표기한다. 약칭으로 아랍에미리트, UAE라 한다. 입헌군주국이다. UAE는 라스알카이마, 샤르자, 아부다비, 움알쿠와인, 아지만, 두바이, 푸자이라 토후국의 7개 토후국으로 이루어진 연방 국가다. 각 토후국은 에미르(Emir)인 토후가 통치한다. 연방최고위원회에서 대통령과 총리를 선출한다. 수도는 아부다비다. 2020년 기준으로 83,600㎢ 면적에 9,282,410명이 거주한다. 전체 인구의 88%가 도시에 산다.

　UAE 해안은 페르시아 만의 남쪽 해안을 따라 650km 뻗어 있다. 6개의 토후국은 페르시아 만에 접해 있다. 푸자이라 토후국은 오만 만에 접근할 수 있는 반도의 동쪽 해안에 있다. 아부다비 토후국은 UAE 전체 면적의 87%를 차지한다.

　2020년 UAE 인구 구성은 에미리트(Emiratis)가 15%이고, 나머지는 이민자다. 혈연 이외에는 UAE 시민권을 얻기 어렵다. 이민자는 인도, 방글라데시, 파키스탄, 이집트, 필리핀, 인도네시아, 예멘 등지에서 온다. 유럽, 호주, 남·북미에서 온 이민자는 500,000명 규모다. 영국인은 100,000명 이상이 산다.

국기는 1971년 12월 2일에 제정됐다. 초록색, 하얀색, 검은색의 가로 줄무늬와 깃대 쪽의 빨간색 세로 줄무늬로 구성되어 있다. 초록색은 성장·풍요로움·진전을, 하얀색은 평화·기부를, 검은색은 권력과 힘을, 빨간색은 희생·용맹을 나타낸다.그림 1

국어는 아랍어이고, 영어는 공용어다. 2022년 기준으로 종교 구성은 이슬람교 76%, 기독교 9%, 힌두교 8%, 불교 1.8%다.

아랍에미리트에 사산 왕조 페르시아가 들어왔을 때 이슬람교가 전파되었다. 아랍에미리트는 아랍 상인의 해상 무역 요충지로 번성했다. 1708년에 라스알카이마 토후국, 1727년에 샤르자 토후국, 1761년에 아부다비 토후국, 1768년에 움알쿠와인 토후국, 1816년에 아지만 토후국, 1833년에 두바이 토후국, 1879년에 푸자이라 토후국이 세워졌다. 1820년 영국의 보호령으로 편입됐다. 1971년 12월 2일에 영국으로부터 독립했다. 영국으로부터 독립한 후 6개의 토후국은 아랍에미리트 연방에 가입했다. 라스알카이마 토후국은 1972년 2월 10일에 가입했다. 「셰이크 자이드 빈 술탄 알 나흐얀」 아부다비 지도자는 7개 토후국을 통합하고 초대 대통령이 되었다. 그는 국가의 아버지로 인정받았다. 아랍에미리트는 1971년 12월 9일 유엔에 가입했다.

아랍에미리트 경제의 버팀목은 석유와 천연가스다. 석유 매장량과 천연가스 매장량이 세계 7위다. 아랍에미리트는 석유 수출 재원을 교육, 복지, 인프라에 투자했다. 관광업이 활성화되어 있다. 두바이는 중동의 금융 허브로 성장했다. 1963년에 설립된 에미리트 NBD 은행은 투자, 상업, 소매 금융, 프라이빗 뱅킹, 모기지, 신용 카드 등의 금융 상품을 다룬다. 2022년 아랍에미리트의 1인당 GDP는 50,349달러다.

02 수도 아부다비

아부다비(Abu Dhabi)는 아랍에미리트의 수도다. 중서부 해안에서 떨어진 페르시아 만의 섬에 있다. 2021년 기준으로 972㎢ 면적에 1,512,000명이 산다.그림 2 아부다비는 '가젤의 아버지'라는 뜻이다. 가젤은 가젤 영양을 말하나, 알 나흐얀 가문과 관련이 있다는 해석이 있다. 아부다비가 고향인 알 나흐얀 가문에서 아랍에미리트 대통령이 나왔다.

셰이크 자이드 그랜드 모스크는 1994-2007년 기간에 세워졌다. 셰이크 자이드 초대 대통령 때 건설이 시작됐다. 2004년 셰이크 자이드가 사망하여

그림 2 **아랍에미리트의 수도 아부다비**

그림 3 **아랍에미리트 아부다비의 셰이크 자이드 그랜드 모스크**

모스크 안뜰에 묻혔다. 41,000명까지 수용할 수 있다. 전체 면적은 22,412㎡다. 대리석, 석재, 금, 수정, 도자기 등의 재료가 쓰였다. 건물은 사우디아라비아 메카의 카바(Kaaba) 신전 방향으로 정렬되어 있다. 매일 기도하는 예배 장소다. 교육, 문화 활동, 방문자 프로그램, 서적 출판 등이 이뤄진다.그림 3

카스르 알 와탄(Qasr Al Waṭan)은 대통령궁이다. 2017년 완성했다. 궁전은 주로 외국 정상을 접대하는 곳으로 사용됐다. 2019년 일반인에게 궁전을 공개했다. 영빈실의 탁트인 공간이 넓다. 일반인에게 공개되면서 중동의 문화 관광 명소로 선정되었다.그림 4

1970년대에 아부다비는 인구 규모 600,000명을 목표로 도시 계획을 수립했다. 도시 중심부에 고밀도 타워 블록과 넓은 격자 패턴 도로가 조성됐다. 메인 스트리트에는 20-30층 높이의 타워가 들어섰다. 타워는 직사각형 패턴이었다. 고층 빌딩 사이에는 2층 빌라나 6층 빌딩과 같은 저층 건물이 세워졌다. 아부다비는 이러한 도시 계획으로 고층 사무실, 아파트, 넓은 대로, 번화한 상가가 들어선 현대 도시로 탈바꿈했다. 도시의 환경성을 높이기 위해 이

전의 사막 지구였던 곳에 공원과 정원 등의 녹지 공간을 다수 조성했다.그림 5

아부다비에 성 요셉 대성당과 세인트 폴 교회가 있다. 성 요셉 대성당은 가톨릭 성당으로 1983년에 건립됐다. 미사는 영어, 아랍어, 기타 외국어 등 다양한 언어로 진행된다. 2019년 2월 5일 프란치스코 교황이 비공개로 방문했다. 세인트 폴 교회는 아부다비 무사파 지역의 가톨릭 교회 부속 종교 건물이다. 2011년 성전 건축을 시작하여 2015년에 완공했다.

아부다비 마리나 몰은 2001년 개장한 쇼핑몰과 엔터테인먼트 빌딩이다. 100m 높이의 전망대, 볼링장, 멀티플렉스 영화관, 패션 부티크,

그림 4 **아랍에미리트의 대통령궁 카스르 알 와탄 영빈실**

그림 5 **아랍에미리트 아부다비의 중심 지역**

레저 엔터테인먼트 시설이 갖춰져 있다. 122,000㎡ 면적의 소매 공간이다.

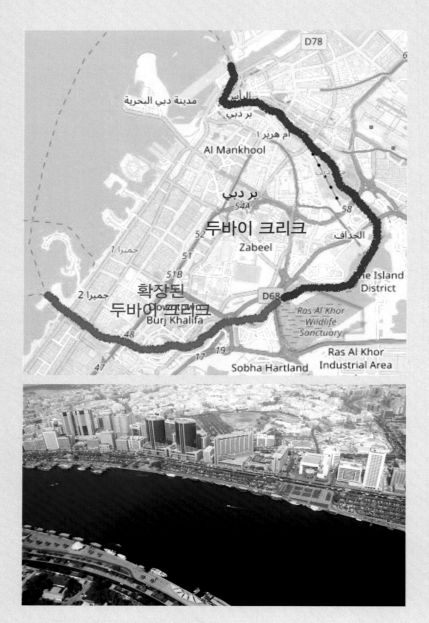

그림 6 **아랍에미리트의 두바이 크리크**

03 두바이

두바이(Dubai)는 아랍에미리트의 최대 도시다. 두바이 토후국의 수도다. 2021년 기준으로 35㎢ 면적에 3,478,300명이 산다. 두바이 토후국에는 3,885㎢ 면적에 4,177,059명이 거주한다. 두바이는 두바이-샤르자-아지만 대도시권의 중심도시다. 두바이는 '내륙에 있는 두바이 크리크(Dubai Creek)가 느리게 흐른다'는 뜻의 Daba에서 나왔다고 한다. 두바이 크리크는 두바이 앞 바닷물 유입구의 수로(水路)다. 두바이 안쪽으로 14km까지 뻗어 있다. 기존의 두바이 크리크가 확장됐다.그림 6

두바이는 1095년 아랍인 지리학자 압둘라 알 바크리의 지리 책에서 언급되었다. 1580년 베네치아 진주 상인이 두바이를 거론했다. 1833년 막툼 빈 부티가 바니야스 부족 800명과 함께 두바이를 세웠다. 1892년 영국이 두바이 토후국의 안보를 책임지는 독점 계약을 체결했다. 1959년 영국인에 의해 도시 계획이 시작됐고, 공항이 건설됐다. 1966년 두바이 영해에서 석유가 발견됐다. 두바이 토후국은 1971년 12월 2일 아랍 에미리트 연방에 가입했다. 두바이는 1833년부터 알 막툼(Al Maktoum) 가문이 통치하고 있다.

두바이는 석유 산업을 기반으로 화물과 여객 교통, 관광, 항공, 부동산, 금융 서비스 등 중동의 무역과 문화 중심지로 성장했다. 국제적인 스포츠 행사가 열렸다.

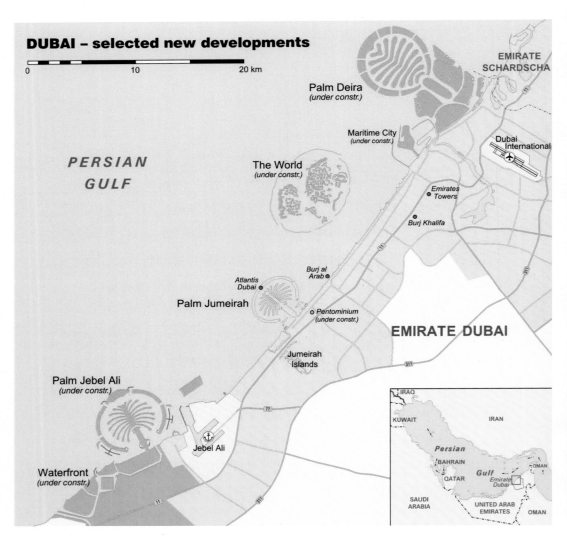

그림 7 아랍에미리트의 두바이 도시 건설 프로젝트

두바이 앞바다에 세계 군도, 팜 아일랜드 등의 혁신적인 대형 건설 프로젝트가 계획됐다.그림 7 세계 군도(The World Islands)는 두바이 앞바다에 세계 지도를 본뜬 인공 섬을 조성하는 프로젝트다. 2003년에 착수했다. 세계 군도는 유럽, 아프리카, 아시아, 북미, 남미, 남극, 오세아니아 대륙을 대표하는 섬들로 구성되어 있다. 팜 아일랜드(Palm Islands)는 야자나무 모양을 본뜬 인공섬 조성 프로젝트다. 인공 섬은 팜 주메이라 섬, 팜 제벨 알리 섬, 데이라 섬(Deira Islands)의 세 개의 섬이다. 섬 조성은 2001년부터 시작됐다. 팜 주메이라에는 개인 주택과 호텔이 들어섰다. 팜 제벨 알리는 큰 야자수와 큰 초승달 모양으로 조성되고 있다. 데이라 섬은 계획 중이다. 섬의 건설로 해양 퇴적물과 야생 동물에 영향을 미쳤다.그림 8

그림 8 **아랍에미리트의 두바이 앞 바다 도시 건설 프로젝트**

그림 9 **아랍에미리트 두바이의 주메이라 해변**

　　두바이 해안의 주메이라(Jumeirah)는 어부, 진주 잠수부, 무역상들의 거주
지였다. 개발이 본격화되면서 저층 개인 주택과 호텔이 들어섰다.그림 9 1997
년에 주메이라 비치 호텔이 개장했다. 물결 모양의 호텔 빌딩이다. 높이가
93m다. 호텔에는 598개의 객실과 스위트룸, 19개의 해변가 빌라, 20개의
레스토랑이 있다.그림 10 호텔 주변은 33,800㎡ 면적의 해변이 펼쳐져 있다.
와일드 와디 워터파크는 온수와 냉수 파도 풀, 워터 슬라이드, 인공 서핑, 폭
포 등이 있다.

　　부르즈 알 아랍은 배의 돛대 모양을 한 호텔 빌딩이다. 1999년에 개장
했다. 주메이라 해변에서 280m 떨어진 인공 섬에 있다. 인공 섬의 건설은

그림 10 **아랍에미리트 두바이의 주메이라 비치 호텔**

1994년에 시작되었다. 빌딩의 기초를 조성하기 위해 드릴 방식으로 40m 길이의 말뚝 230개를 모래에 박았다. 부르즈 알 아랍은 전용 곡선 다리로 본토와 연결되어 있다. 지상 210m 높이의 지붕 근처 59층에 헬리콥터 착륙장이 있다. 헬리콥터 착륙장에서는 2004년 타이거 우즈의 티샷, 2005년 아가시와 페더러의 테니스, 2011년 골퍼 메킬로이의 벙커샷 등이 진행됐다.그림 11

　비즈니스 베이는 두바이의 중앙 비즈니스 지구다. 두바이 크리크가 준설되고 확장된 지역에 들어선 고층 빌딩 지역이다. 비즈니스 베이에는 240개 이상의 상업·주거 건물이 있다. 비즈니스 베이의 초기 인프라는 2008년에 완료되었다. 상업, 주거, 비즈니스 클러스터로 건설되고 있다.

그림 11 아랍에미리트 두바이의 부르즈 알 아랍

　두바이의 랜드마크인 부르즈 칼리파는 높이가 828m인 마천루 타워다. 2004-2009년 기간에 건설했고, 2010년 1월 4일 개장했다. 건설 기간에는 부르즈 두바이로 불렸다. 완공 이후에 명칭을 부르즈 칼리파로 바꿨다. 칼리파의 명칭은 칼리파 자이드 아랍에미리트 대통령의 이름을 따서 지었다. 사무실, 주거, 호텔용도다. 타워 내부에 상업·거주·오락 시설 등의 복합 시설이 갖추어져 있다. 철근 콘크리트, 구조용 강철 등을 활용해서 지었다. 더운 여름 온도를 견디도록 클래딩 시스템으로 설계됐다. 엘리베이터가 57대이고 에스컬레이터가 8대다.그림 12

그림 12 **아랍에미리트 두바이의 부르즈 칼리파**

그림 13 **아랍에미리트 두바이의 마리나 지구**

두바이 마리나(Dubai Marina)는 인공 운하 도시다. 페르시아만을 따라 3km 크리크 수로 주변에 건설됐다. 캐나다 벤쿠버의 폴스 크리크(False Creek)에 조성된 콩코드 퍼시픽 플레이스를 모델로 삼아 지었다. 2018년 기준으로 4.9㎢ 면적에 55,052명이 산다. 완성이 되면 주거용 타워와 빌라에 120,000명이 거주하도록 계획되었다. 고층 아파트, 업무용 고층 빌딩, 주메이라 비치 레지던스, 해변 산책로, 알 사합, 알 마지라, 파크 아일란드 주거용 고층 단지, 두바이 마리나 몰 등이 들어섰다. 바다와 인접해 있어 종종 해양 야생 동물이 두바이 마리나에 들어온다.그림 13

두바이 미디어(Media) 시티는 2000년에 건설한 후, 2001년에 출범했다. 통신사, 출판, 온라인 미디어, 광고 제작, 방송 시설 조직의 지역 허브다. 중동 미디어 산업의 주요 거점을 성장했다. 1,300개 이상의 회사가 활동한다.그림 14

두바이 박물관은 1971년에 문을 열었다. 1787년에 지은 알 파히디 요새에 위치해 있다. 두바이에서 가장 오래된 건물이다. 전체 면적은 4,000㎡다. BC 3000년의 유물과 석유 발견 이전의 두바이 생활 양식 디오라마가 있다. 두바이와 교역했던 아프리카와 아시아 국가의 유물과 골동품이 전시되어 있다. 1820년의 도시 모형, 오래된 무기, 전통악기, 요새 전시물이 있다.

아랍에미리트의 국어는 아랍어이고, 영어는 공식어다. 아랍에미리트 경제의 버팀목은 석유와 천연가스다. 관광, 금융업이 활성화되어 있다. 2022년 아랍에미리트의 1인당 GDP는 50,349달러다. 2022년 기준으로 종교 구성은 이슬람교 76%, 기독교 9%, 힌두교 8%, 불교 1.8%다.

그림 14 **아랍에미리트의 두바이 미디어 시티**

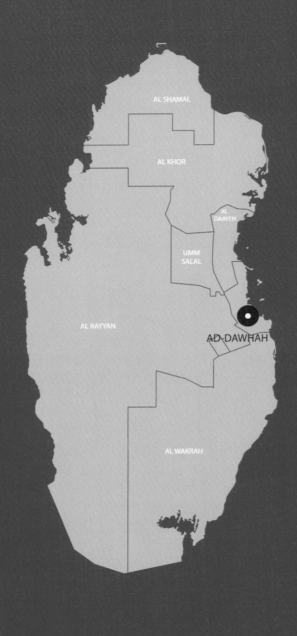

카타르국

그림 1 **카타르 국기**

01 카타르 전개 과정

카타르국은 아랍어로 Dawlat Qaṭar(다울라트 카따르)라 한다. 영어로 State of Qatar로 표기한다. 약칭으로 카타르, Qatar라 한다. 입헌 군주국이다. 수도는 도하다. 2020년 기준으로 11,581㎢ 면적에 2,795,484명이 산다.

1세기 후 프톨레마이오스는 반도를 묘사한 지도를 완성하고 「카타라 Katara」라 불렀다. Katara는 Kattar, Katr로 변형 사용되다 파생어인 「카타르」가 되어 국가 이름으로 채택되었다.

카타르의 국기는 1971년 7월 9일 제정됐다. 밤색 바탕에 하얀 색 띠가 그려져 있다. 하얀색은 평화를, 밤색은 피를 상징한다. 톱니 아홉 개는 1916년 영국의 보호령으로 편입된 페르시아 만의 9번째 토후국을 뜻한다.그림 1

카타르의 대부분 지형은 사막이다. 카타르 반도는 3면이 페르시아 만에 접해 있다. 남쪽은 사우디아라비아와 맞닿아 있다. 여름에는 30°-40℃이고, 겨울에는 20°-30℃로 덥다. 겨울에 비가 가끔 온다. 모래 폭풍이 1년에 한번씩 불어 온다.

카타르의 인종 구성은 카타르 국적인이 13%다. 나머지는 외국인이다. 남부 아시아에서 온 노동자들이 대부분이다. 공식언어는 아랍어. 일상에서 영어는 제2 언어다. 학교에서 영어 교육을 받는다. 카타르의 국교는 이슬람교다. 2010년 기준으로 국민의 67.7%가 이슬람교를 믿는다. 기독교가 14%, 힌두교가 13.8%였다. 카타르의 휴일은 금요일과 토요일이다.

그림 2 **카타르 도하 대한민국 대사관**

628년 카타르에 이슬람이 들어왔다. 661-1783년 기간 이슬람이, 1783-1868년 사이에 바레인과 사우디가, 1871-1917년 기간 오스만 제국이 카타르를 통치했다. 1916-1971년 사이에는 영국의 통치령으로 존속했다. 1971년 영국의 통치령에서 벗어나 독립했다. 카타르는 타니(Thani) 가문이 세습군주국으로 통치하고 있다.

2006년 카타르 도하에서 알 자지라(Al Jazeera) 국영 방송국이 설립됐다. 영어와 아랍어로 송출한다.

카타르의 산업은 어업과 진주 채취였다. 1940년 이후 카타르는 석유 관련 산업으로 활력을 찾았다. 천연가스 매장량은 세계 세 번째다. 카타르는 액화 천연가스 수출국이다. 관광, 수송 분야도 활발하다. 2022년 카타르 1인당 GDP는 84,514달러다. 수도 요금, 전기 요금, 의료비, 교육비가 무료다. 소득세율이 낮다.

대한민국은 1971년 카타르의 독립을 승인했고 1974년 국교를 수립했다. 양국 사이에 건설업, 경제 기술 협력 등이 이뤄졌다. 카타르 항공이 인천-도하 직항편을 운항한다.그림 2

그림 3 **카타르 수도 도하**

02 수도 도하

도하(Doha)는 페르시아만 연안에 있는 카타르의 수도다. 도하는 '원형'이라는 뜻이다. 2018년 기준으로 132㎢ 면적에 2,382,000명이 거주한다. 카타르 인구의 80% 이상이 도하와 주변 교외 지역에 산다. 도하는 1825년 설립됐다. 1971년 카타르가 영국으로부터 독립하면서 수도가 되었다. 세계 무역 기구 장관급 회의, 아시안 게임, 범 아랍 게임, 세계 석유이사회의, UNFCCC 기후 협상 회의, 의회 간 연합 총회 등 국제 행사가 열렸던 도시다.

도하 도심 지역에는 고층 빌딩이 집중적으로 밀집되어 있다. 도심 지역을 벗어나면 낮은 주거 지역이다. 도하 왼쪽 해안 지역에 중심 업무 지구인 알 다프나(Al Dafna) 지구가 조성됐다. 1990년대 후반 이후 수십 개의 고층 빌딩이 들어섰다. 시민들은 규모가 큰 City Center 쇼핑 몰을 이용한다. 다프나 지구에는 고급 주택과 외국 대사관이 몰려 있다. 해안가에서 보면 도하 해안을 따라서 고층 빌딩 군락이 선형(線形)으로 길게 조성되어 있음이 관찰된다.그림 3 도하의 야간 경관은 선명하고 아름답다.그림 4

도하에는 연구와 교육 중심의 교육 지구, 의료 관리 중심의 하마드 의료 지구, 스포츠 지구, 국제 스포츠 중심의 아스파이어 지구 등이 발달되어 있다. 칼리파 국제 경기장, FIFA 월드컵 경기장, 하마드 아쿠아틱 센터, 아스파이어 돔 등의 도시 시설이 갖춰져 있다. 날씨가 건조하고 덥기 때문에 도

그림 4 카타르 도하 야간 경관

시에서의 쾌적성 확보는 중요하다. 도심 지역에 녹지 공간 확보를 위한 시도가 확인된다.그림 5

　Qatar Petroleum, Qatargas, RasGas 본부가 도하에 위치해 있다. 카타르 항공 교통은 관광 산업의 다각화에 공헌하고 있다. 카타르 항공(Qatar Airways)은 국영 국적 항공이다. 1994년부터 운항을 개시했다. 허브 앤 스포크 네트워크로 운영된다. 하마드 국제공항이 허브 공항이다. 아프리카, 아시아, 유럽, 미주, 오세아니아 등지에 150개 이상의 국제노선을 갖고 있다. 도하-인천 국제노선이 개설되어 있다. 새로운 호텔도 다수 건설했다.

　카타르의 공식 언어는 아랍어다. 영어는 제2 언어다. 카타르의 경제력은 석유 관련 산업에서 나온다. 2022년 카타르 1인당 GDP는 84,514달러다. 카타르의 국교는 이슬람교다. 2010년 기준으로 국민의 67.7%가 이슬람교를 믿는다. 도하는 카타르의 수도로 전 국민의 80% 이상이 몰려 산다.

그림 5 **카타르 도하 도심 녹지 경관**

그림출처

VI. 중동

31. 이스라엘국

◑ 위키피디아

그림 1, 그림 2, 그림 3, 그림 4, 그림 5, 그림 6, 그림 8, 그림 9, 그림 10, 그림 12, 그림 13, 그림 14, 그림 15, 그림 16, 그림 17, 그림 18, 그림 19, 그림 20, 그림 21, 그림 24, 그림 25, 그림 26, 그림 27, 그림 28, 그림 29, 그림 30, 그림 32, 그림 34, 그림 35, 그림 36, 그림 37, 그림 38

◑ 저자 권용우

그림 3, 그림 4, 그림 5, 그림 7, 그림 10, 그림 11, 그림 15, 그림 16, 그림 17, 그림 18, 그림 19, 그림 21, 그림 22, 그림 23, 그림 25, 그림 26, 그림 27, 그림 29, 그림 30, 그림 31, 그림 32, 그림 33, 그림 36, 그림 38, 그림 39, 그림 40, 그림 41

◑ 구글

그림 1

◑ Pinterest

그림 7

32. 팔레스타인국

◑ 위키피디아

그림 1, 그림 2, 그림 3, 그림 4, 그림 5, 그림 6, 그림 7, 그림 8, 그림 9, 그림 12, 그림 13, 그림 15, 그림 16, 그림 18, 그림 19

◑ 저자 권용우

그림 1, 그림 8, 그림 10, 그림 11, 그림 13, 그림 14, 그림 16, 그림 17, 그림 18, 그림 19

◑ 네이버

그림 2

33. 요르단 하심 왕국

◑ 위키피디아

그림 1, 그림 2, 그림 3, 그림 4, 그림 5, 그림 6, 그림 7, 그림 9, 그림 10, 그림 12, 그림 13, 그림 14, 그림 15, 그림 16

◑ 저자 권용우

그림 3, 그림 4, 그림 8, 그림 9, 그림 11

34. 이집트 아랍 공화국

◑ 위키피디아

그림 1, 그림 2, 그림 3, 그림 4, 그림 5, 그림 6, 그림 7, 그림 8, 그림 9, 그림 10, 그림 11, 그림 13, 그림 15, 그림 16, 그림 17, 그림 18, 그림 19, 그림 20, 그림 21, 그림 22, 그림 23, 그림 24, 그림 25, 그림 26, 그림 27, 그림 28, 그림 29, 그림 31, 그림 33, 그림 34, 그림 35, 그림 36, 그림 37, 그림 38, 그림 39, 그림 40

◑ 저자 권용우

그림 2, 그림 7, 그림 12, 그림 14, 그림 25, 그림 30, 그림 32, 그림 39, 그림 40, 그림 41, 그림 42

35. 튀니지 공화국

◑ 위키피디아

그림 1, 그림 2, 그림 3, 그림 4, 그림 5, 그림 6, 그림 7, 그림 8, 그림 9, 그림 10, 그림 11, 그림 12, 그림 13, 그림 14, 그림 15, 그림 16

◑ 저자 권용우

그림 3, 그림 5, 그림 9, 그림 14, 그림 15

36. 튀르키예 공화국

◑ 위키피디아

그림 1, 그림 2, 그림 3, 그림 4, 그림 5, 그림 6, 그림 7, 그림 8, 그림 9, 그림 10, 그림 11, 그림 12, 그림 13, 그림 14, 그림 15-1, 그림 15-2, 그림 17, 그림 18, 그림 20, 그림 21, 그림 22,

그림 23, 그림 24, 그림 25, 그림 26, 그림 27, 그림 28, 그림 29, 그림 30, 그림 32, 그림 33, 그림 34, 그림 35, 그림 36, 그림 37, 그림 39, 그림 40, 그림 41, 그림 45, 그림 46, 그림 47

◑ 저자 권용우

그림 11, 그림 14, 그림 16, 그림 18, 그림 19, 그림 21, 그림 22, 그림 23, 그림 26, 그림 31, 그림 35, 그림 36, 그림 37, 그림 38, 그림 39, 그림 40, 그림 42, 그림 43, 그림 44, 그림 45, 그림 46, 그림 47, 그림 48

37. 이라크 공화국

◑ 위키피디아

그림 1, 그림 2, 그림 3, 그림 6, 그림 7, 그림 8, 그림 9, 그림 11, 그림 13, 그림 15, 그림 16, 그림 18, 그림 20, 그림 21, 그림 22, 그림 24

◑ 저자 권용우

그림 2, 그림 4, 그림 5, 그림 6, 그림 7, 그림 8, 그림 9, 그림 10, 그림 11, 그림 12, 그림 13, 그림 14, 그림 16, 그림 17, 그림 18, 그림 19, 그림 20, 그림 21, 그림 22, 그림 23, 그림 24

38. 아랍에미리트 연합국

◑ 위키피디아

그림 1, 그림 2, 그림 3, 그림 4, 그림 6, 그림 7, 그림 8, 그림 9, 그림 11, 그림 12, 그림 13, 그림 14

◑ 저자 권용우

그림 5, 그림 6, 그림 8, 그림 10, 그림 11

39. 카타르국

◑ 위키피디아

그림 1, 그림 3, 그림 4

◑ 저자 권용우

그림 2, 그림 5

색인

저자 소개

권용우

서울 중·고등학교

서울대학교 문리대 지리학과 동 대학원(박사, 도시지리학)

미국Minnesota대학교/Wisconsin대학교 객원교수

성신여자대학교 사회대 지리학과 교수/명예교수(현재)

성신여자대학교 총장권한대행/대학평의원회 의장

대한지리학회/국토지리학회/한국도시지리학회 회장

국토해양부·환경부 국토환경관리정책조정위원장

국토교통부 중앙도시계획위원회 위원/부위원장

국토교통부 갈등관리심의위원회 위원장

신행정수도 후보지 평가위원회 위원장

경제정의실천시민연합 도시개혁센터 대표/고문

「세계도시 바로 알기」YouTube 강의교수(현재)

『교외지역』(2001)『수도권공간연구』(2002)『그린벨트』(2013, 2024, 2판)

『도시의 이해』(1998, 2002, 2009, 2012, 2016, 전 5판),『도시와 환경』(2015)

『세계도시 바로 알기 1, 2, 3, 4, 5, 6, 7, 8, 9』(2021, 2022, 2023, 2024) 등

저서(공저 포함) 82권/학술논문 152편/연구보고서 55권/기고문 800여 편

세계도시 바로 알기 5 -중동-

초판발행　　　2022년　8월 15일
초판2쇄발행　2023년 10월 31일

지은이　　　　권용우
펴낸이　　　　안종만 · 안상준

편 집　　　　배근하
기획/마케팅　김한유
표지디자인　　BEN STORY
제 작　　　　고철민 · 조영환

펴낸곳　　　　(주) 박영사
　　　　　　　서울특별시 금천구 가산디지털2로 53, 210호(가산동, 한라시그마밸리)
　　　　　　　등록　1959. 3. 11. 제300-1959-1호(倫)
전 화　　　　02)733-6771
f a x　　　　02)736-4818
e-mail　　　pys@pybook.co.kr
homepage　　www.pybook.co.kr
ISBN　　　　979-11-303-1601-7 93980

copyright©권용우, 2022, Printed in Korea

정 가　　　　16,000원